阳光大姐 金牌育儿系列

婴幼儿 辅食添加

主 编：卓长立　　　王静　段美/口述

　　　　姚 建　　　　　　朱宁/执笔

山东教育出版社

指导单位：中华全国妇女联合会发展部
　　　　　山东省妇女联合会
支持单位：全国家政服务标准化技术委员会
　　　　　济南市妇女联合会

主　　编：卓长立　姚　建
副主编：高玉芝　陈　平　王　莹
参加编写人员：
　　　　　王　霞　　刘桂香　　李　燕　　时召萍　　周兰琴
　　　　　聂　娇　　亓向霞　　李　华　　刘东春　　苏宝菊
　　　　　马济萍　　段　美　　朱业云　　申传惠　　王　静
　　　　　王　蓉　　李　晶　　高爱民　　秦英秋　　吕仁红
　　　　　邹　卫　　王桂玲　　肖洪玲　　王爱玲

总　序

　　这是一套汇聚了济南"阳光大姐"创办十多年来数千位优秀金牌月嫂集体智慧的丛书；这是一套挖掘"阳光大姐"金牌月嫂亲身经历过的成千上万个真实案例、集可读性和理论性于一体的丛书；这是一套从实践中来、到实践中去，经得起时间检验的丛书；这是一套关心新手妈妈的情感、生理、心理等需求，既可以帮助她们缓解面对新生命时的紧张情绪，又能帮助她们解决实际问题的充满人文关怀的丛书。

　　《阳光大姐金牌育儿》丛书出版历经一年多的时间，从框架搭建到章节安排，从案例梳理到细节描绘，都是一遍遍核实，一点点修改……之所以这样用心，是因为我们知道，这套丛书肩负着习近平总书记对家政服务业"诚信"和"职业化"发展重要指示的嘱托。

　　时间回溯到2013年11月27日，正在山东考察工作的习近平总书记来到济南市农民工综合服务中心。在济南"阳光大姐"的招聘现场，面对一群笑容灿烂、热情有加的工作人员和求职者，总书记亲切地鼓励她们：家政服务大有可为，要坚持诚信为本，提高职业化水平，做到与人方便、自己方便。

　　习近平总书记的重要指示为家政服务业的发展指明了方向。总结"阳光大姐"创办以来"诚信"和"职业化"发展的实践经验，为全国家政服务业的发展提供借鉴，向广大读者传递正确的育儿理念和育儿知识，正是编撰这套丛书的缘起。

济南阳光大姐服务有限责任公司成立于2001年10月，最初由济南市妇联创办。2004年，为适应社会需求，实行了市场化运作。"阳光大姐"的工作既是一座桥梁，又是一条纽带：一方面为求职人员提供教育培训、就业安置、权益维护等服务；另一方面为社会家庭提供养老、育婴、家务等系列家政服务，解决家务劳动社会化问题。公司成立至今，已累计培训家政服务人员20.6万人，安置就业136万人次，服务家庭120万户。

　　在发展过程中，"阳光大姐"兼顾社会效益与经济效益，始终坚持"安置一个人、温暖两个家"的服务宗旨和"责任+爱心"的服务理念。强化培训，推进从业人员的职业化水平，形成了从岗前、岗中到技能、理念培训的阶梯式、系列化培训模式，鼓励家政服务人员终身学习，培养知识型、技能型、服务型家政服务员，5万余人取得职业资格证书，5000余人具备高级技能，16人被评为首席技师、突出贡献技师，成为享受政府津贴的高技能人才，从家政服务员中培养出200多名专业授课教师。目前，"阳光大姐"在全国拥有连锁机构142家，家政服务员规模4万人，服务遍布全国二十多个省份，服务领域涉及母婴生活护理、养老服务、家务服务和医院陪护4大模块、12大门类、31种家政服务项目，并将服务延伸至母婴用品配送、儿童早教、女性健康服务、家政服务标准化示范基地等10个领域。2009年，"阳光大姐"被国家标准委确定为首批国家级服务业标准化示范单位，起草制订了812项企业标准，9项山东省地方标准和4项国家标准；2010年，"阳光大姐"商标被认定为同行业首个"中国驰名商标"；2011年，"阳光大姐"代表中国企业发布首份基于ISO26000国际标准的企业社会责任报告；2012年，"阳光大姐"承担起全国家政服务标准化技术委员会秘书处工作，并被国务院授予"全国就业先进企业"称号；2014年，"阳光大姐"被国家标准委确定为首批11家国家级服务业标准化示范项目之一，始终引领家政行业发展。

　　《阳光大姐金牌育儿》丛书对阳光大姐占据市场份额最大的月嫂育儿服务进行了细分，共分新生儿护理、产妇产褥期护理、月子餐制作、婴幼儿辅食添加、母乳喂养及哺乳期乳房护理、婴幼儿常见病预防及护理、婴幼儿好习惯养成、婴幼儿抚触及被动操等八册。

针对目前市场上出现的婴幼儿育儿图书良莠混杂，多为简单理论堆砌、可操作性不强等问题，本套丛书通过对"阳光大姐"大量丰富实践和生动案例的深入挖掘和整理，采用"阳光大姐"首席技师级金牌月嫂讲述、有过育儿经验的"妈妈级"专业作者执笔写作、行业专家权威点评"三结合"的形式，面向广大读者传递科学的育儿理念和育儿知识，对规范育儿图书市场和家政行业发展必将起到积极的推进作用。

"阳光大姐"数千位优秀月嫂亲身经历的无数生动故事和案例是本套丛书独有的内容，通过执笔者把阳光大姐在实践中总结出来的诸多"独门秘笈"巧妙地融于故事之中，使可读性和实用性得到了很好的统一，形成了本套丛书最大的特色。

本套丛书配之以大量图片、漫画等，图文并茂、可读性强，还采用"手机扫图观看视频"（AR技术）等最新的出版技术，开创"图书+移动终端"全新出版模式。在印刷上，采用绿色环保认证的印刷技术和材料，符合孕产妇对环保阅读的需求。

我们希望，《阳光大姐金牌育儿》丛书可以成为贯彻落实习近平总书记关于家政服务业发展重要指示精神和全国妇联具体安排部署的一项重要成果；可以成为月嫂从业人员"诚信"和"职业化"道路上必读的一套经典教科书；可以成为在育儿图书市场上深受读者欢迎、社会效益和经济效益双丰收的精品图书。我们愿意为此继续努力！

前　言

去年，我的第二个宝宝出生了。在欣喜的同时，也有诸多愁绪，因为这意味着我要再次面临那些艰辛难熬的夜晚：喂奶，换尿布，盖被子……也有很多朋友问我，有了养大宝的经验，二宝是不是没那么难养了？大家一定是记住了那句话：老大照书养，老二照猪养。的确，我家大宝真的是照书养的，当时初为人母的我，没有一点儿育儿经验，面对这个小宝贝，我时时处处都小心翼翼，吃喝拉撒完全按照书本严格执行。可就是因为按照那一成不变、人云亦云的教科书，真的就把大宝养得瘦成了一本书，还是一本医学书。因为喂养得不好，抵抗力弱，去医院打针吃药成了孩子的家常便饭。他就像一块试验田，记录着各种病症的治疗方法。吃不好就睡不好，作为家长的我，不仅仅是带孩子去医院的时候受累，就单单每天晚上起来照顾哭闹的大宝，也让我的精神一度崩溃，现在想想，那是多么可怕的日日夜夜。

二宝出生后，虽没有了初为人母的慌乱，也有了一些所谓的经验，可我知道，吃一堑并不代表一定能长一智，毕竟每个孩子不同，自身体质各异，遇到的状况也不同。二宝可能没遇到大宝的问题，但他会遇到新问题。那是不是就别养得像大宝一样仔细，直接放养就可以了呢？老二照猪养，真的能养出健康好宝宝吗？怎么可能！家长不用心，孩子怎么可能茁壮成长呢？这些年的育儿经历让我真正体会到，要想养育出健康好宝宝，一定要书本知识和实际经验结合起来。而这种实际经验，可不是我们养一两个宝宝就能总结出来的。

我记得我家大宝在刚刚添加辅食的初期，是一向自诩为经验丰富的孩子姥姥——我的妈妈和一个年轻的阿姨帮我照顾孩子的。有一次，她们用勺子刮了苹果泥给孩子吃，孩子很喜欢吃，就不停地要。老人最大的特点就是看见孩子能吃就高兴，于是半个苹果不知不觉下肚了。过了没多久，就到了定点喂辅食的时间，阿姨又在孩子不断要求吃的情况下，喂孩子吃下了一整个蛋黄。我至今还清楚地记得，当我下班回到家的时候，她们兴奋的样子。她们高兴地告诉我："你儿子太厉害了！太能吃了！他居然吃了半个苹果、一整个蛋黄。"我并没有被两个人的兴奋所感染，孩子出生才六个多月，刚加辅食就吃得这么杂乱、这么多，能行吗？我的心里"扑通扑通"不安地打鼓。而事实证明，我的担心并不是多余的，大约两个多小时后，孩子就开始不停地呕吐，直到吐得头再也抬不起来。我们吓坏了，抱着他跑去医院，做了一系列检查后，医生明确告诉我们：孩子吃撑了。严重的情况还在继续，从那次起，给大宝添辅食，尽管他都乖乖地吃，可每次进食后的一两个小时，又会原封不动地吐出来。这个让人头疼的病症，直到大宝一岁多以后，才稍微有所缓解。而这个可怕的经历对孩子来说，成了破坏他健康的关键因素，现在五岁多的他比同龄孩子瘦20多斤，进食、睡眠、运动都受到了很大的影响。

大宝添加辅食的经历，成了我的梦魇，带着对孩子的愧疚，我开始在二宝身上尽力弥补。但对于不擅长厨艺的我来说，给孩子做一顿可口的饭菜，真是心有余而力不足。好在我很幸运，恰逢二宝要添加辅食之际，我接到了采访编写这本书的任务，我相信，这将让我和二宝受益匪浅，也希望我的分享，能让和我一样困扰的妈妈们，不再对宝宝的成长留下愧疚和遗憾。带着这份渴望又迫切的心情，我采访了"阳光大姐"推荐的育儿专家。

王静，"阳光大姐"首席技师、高级营养配餐师、高级育婴师，在"阳光大姐"家政服务公司负责培训指导初级月嫂、育儿嫂。目前，由她培训出来的月嫂、育儿嫂有几千人，其中不少人已经成为金牌月嫂。在山东省妇联主办的首届"减盐防控高血压厨艺大赛"中，获得自创菜特等奖。王大姐能有今天的名气，全靠她一身的绝活。

厌食宝宝开始爱上吃饭

在进入"阳光大姐"之前，王静一直从事幼教工作，有着十多年丰富育儿经验的她，非常擅长观察孩子、把握孩子的心理，通常给孩子做两次饭，她就能知道这个孩子喜欢吃什么，怎么引导孩子去吃。王静大姐曾经带过一个孩子，对吃饭没有一点兴趣，肉不吃，菜不爱，每次吃饭，都像逼他"上刑场"一样。于是王静大姐想了一个办法，她把小馒头蒸出各种动物的造型，把蛋炒饭配上各种青菜，点缀出玩具的图案，孩子一看非常喜欢，从对这些食物不抵触开始，让孩子一点点爱上了吃饭。

根据孩子的个体差异调节饮食

王大姐曾经带过一个14个月大的孩子，当时孩子还不会走，个子虽然够高，可就是瘦得厉害，三天两头生病。王大姐一问家长，孩子之所以这样，是因为从添加辅食开始，家长就没有重视，孩子没好好吃过饭，给他馒头根本不知道嚼。王大姐明白，这孩子虽然已经一岁多，可给他做饭，还得慢慢来，得按照六个月孩子的标准添加辅食，从泥、糊开始。就这样，不管是菜，还是水果，或者是肝、虾，王大姐都是从泥开始做。三天蔬菜，再添上水果，再做上三天鱼虾，就这么循序渐进添加了一个月，王大姐开始给他做小馄饨、面条，软软的，孩子非常喜欢。经过王大姐的悉心照料，这个特殊的孩子终于恢复到正常孩子的状态，身体也一天天健壮起来。在带过的宝宝中，像这样在辅食添加上遇到问题的还有很多，王大姐都能根据他们个体的差异，将宝宝的饮食调节到最佳状态。

用心观察学习，总结经验

在育儿过程中，王大姐总是非常用心，她把平时宝宝的表现都记录下来，通过现象找原因，总结规律，最后找到最适合宝宝的养育方法。不仅如此，王大姐还把总结出来的经验耐心地教给宝宝父母，帮助他们了解和掌握自家宝宝的特点。她也常把这些经验分享给其他照顾宝宝的大姐们。为了方便大家记忆，她甚至还把总结出的育儿经验编成许多顺口溜教给大家。比如在辅食添加上，她就总结出自己的"秘诀"：

一岁小儿体质欠，少油无盐要软烂。
水果蔬菜要自然，酸奶蜂蜜先别沾。
如果小儿把饭厌，找出原因是关键。
少吃糖要管住饭，保持三分饥和寒。
咖啡饮料放一边，定点吃饭好习惯。
细心耐心加爱心，才能使得小儿安。

段美，"阳光大姐"首席技师、高级营养配餐师，先后取得高级育婴师、高级家政、高级按摩师等专业技术证书。2011年成为"阳光大姐"第一批家政职业指导师，为中级月嫂授课。2015年2月获得"山东省巾帼家政创业技能大赛"家政服务第二名，被评为"济南市巾帼建功标兵"。咱来瞧瞧她有什么绝活。

为了做出最好吃的面叶，全家吃了一个星期的面叶汤

为了做出好吃的饭菜，段大姐平时可没少下功夫。比如面叶是我们很多家庭经常做的饭，做面叶看似很简单，但很多妈妈不知道怎样才能做出软硬适度、最适合宝宝口感的面叶来。孩子年龄段不同，做法也得有细微差别，段美大姐就是这么精益求精。她为了研究一个菠菜汁面叶，做了无数次实验，也让全家跟着吃了一个星期的面叶汤。段大姐说，做面叶其实很讲究，面和软了，下到锅里就成粥了；和硬了，宝宝不好咀嚼，也不好消化。菠菜少了营养不够；菠菜多了，又会发涩，口感不好。怎样才能做到恰到好处？段美大姐在家里做了无数次实验。她说，其实不仅仅是做面叶，做其他的也一样，经常是客户家里的孩子吃什么，自己家里人就跟着吃什么。

不管什么材料，都能做出可口的饭菜

很多家庭都会遇到这种情况，菜买多了不知道该怎么做，买少了又不知道该吃什么好。不过这对段美大姐来说一点儿也不是问题。无论有什么食材，她都能做出适合宝宝的可口饭菜。有一次，到了宝宝吃饭的时间，段大姐发现客户家里除了一棵小白菜，什么菜都没有了，宝宝奶奶这时候也着急起来，可马上去买菜，也得将近一个小时。怎么办呢？不能让孩子饿着吧。这可一点儿也没难倒段大姐，她安抚好孩子奶奶后，就钻进厨房，一会儿工夫，一碗小白菜鹌鹑蛋肉丸就出锅了，宝宝吃得香，孩子奶奶也一个劲儿地竖大拇指。

用食疗调节宝宝的身体健康

都说最好的药房是家里的厨房，对孩子更是如此，如果在平时的饮食中注意了，很多病症都可以避免。段美大姐带孩子时，如果孩子身体有不适，她基本都能找到问题所在。比如，孩子有点儿腹泻，究竟是凉着肚子了，还是吃撑了，或者对刚刚接触的新食材不适应引起的消化吸收不好，她都能找到原因，并根据这些原因，从饮食上给孩子调理。

我们这本书就是以王静、段美为代表的所有"阳光大姐"的智慧和经验的结晶，在此，也感谢参与此书创作的各位阳光大姐们。

目录

♥ 第一章 辅食添加总动员

♥ 第二章　为添加辅食做好准备

♥ 第三章　分月龄辅食添加食谱

第四章 变着花样吃鸡蛋

💗 第五章 特殊时期的辅食调理

加*的菜谱可以扫图片看视频哦。

第一章
辅食添加总动员

一、辅食添加的重要性

　　辅食，又叫作离乳食品，是宝宝在断奶前的这段过渡期间，除了母乳或配方奶粉之外，另外添加的食品。通过添加辅食，一方面为宝宝补充不足的热量来源与营养素，另一方面也让宝宝学着用餐具进食，训练宝宝咀嚼与吞咽能力，为适应成人的饮食习惯做准备。

　　宝宝学习吃饭，也像人们学习其他技能一样，不可能一蹴而就，而是一个缓慢的、循序渐进的学习和适应过程。辅食添加在这个过程中起着至关重要的作用，甚至会影响到宝宝一生的健康和生活。所以，不能因为称之为"辅"，就觉得可有可无。我们来听听阳光大姐们的心得和经验。

辅食补充完整均衡的营养

 大姐讲故事

　　甜甜出生在一个知识分子家庭，妈妈看了很多育儿书籍，一心要打造一个高质量的宝宝，所以胎教、早教，一个都没少。刚刚出

生时由我看护，甜甜妈妈经常给甜甜放音乐，教她背唐诗，我也教她给甜甜洗澡，做抚触和被动操。直到满3个月，我才依依不舍地离开了可爱的小甜甜。可是过了几个月，甜甜妈又着急地找到我，要我去看看甜甜，原来孩子患上肺炎住院了。我一见甜甜，眼泪差点儿出来，这是那个白白胖胖、活泼可爱的小甜甜吗？孩子面黄肌瘦，头上扎着头皮针，眼里含着泪，一问之下才知道，原来我走了以后，到了该加辅食的时候，甜甜的妈妈和姥姥没有及时给孩子添加辅食，

孩子患上了缺铁性贫血，导致抵抗力下降，感染肺炎住院了，花钱不说，孩子也受罪了。

在甜甜妈妈的要求下，我又开始了照料甜甜的工作，一点点给孩子添加辅食，每天都精心设计食谱，渐渐地甜甜康复了，而且身体越来越强壮，小脸红扑扑的，眼睛水汪汪的好像会说话一样。如今的甜甜已经是小学二年级的大姑娘了，会唱歌、跳舞、弹钢琴，性格也开朗活泼。甜甜妈妈经常告诉我孩子的近况。

大姐有话说

很多家长都非常注重孩子的智力开发，从小就开始对孩子进行艺术修养的塑造。但很多人忽略了，健康是一切生活和学习的前

提。而健康的基础就是从合理的饮食开始。有的孩子从一两岁上早教班，有时水果和水跟不上，甚至还耽误一顿饭，这就得不偿失了。打乱孩子生活规律，是最不明智的。

专家点评

添加辅食的意义不仅在于满足宝宝对营养物质的需要，而且是宝宝学习进食、逐渐适应母乳以外的食物、为过渡到普通家庭饮食做准备的过程。通过接触不同形状的食物，可以训练宝宝吞咽和咀嚼功能，调整消化系统状况，使之适应食物改变。此外，添加辅食还能训练宝宝的动作协调性，锻炼吞咽、咀嚼所涉及的肌肉和神经反射的协调性，有助于牙齿的萌出，还可促进宝宝早期良好饮食习惯的形成。可以说，辅食添加对宝宝的一生都会产生影响。

辅食利于宝宝感觉不同的味道

辅食是宝宝获得完整均衡营养的重要途径，对成长中的孩子非常重要。除了可以补充完整均衡的营养，辅食添加的作用还有很多。比如，很多孩子偏食、挑食，多是因为初期喂养不当造成的。

豆豆快三岁了，最让豆豆妈妈头疼的，就是吃饭，孩子这不吃那不吃，非常挑食。豆豆的妈妈和姥姥为了让他能喜欢吃饭，绞尽脑汁变着花样做给他吃，可每次辛辛苦苦忙活一大阵，照样换来豆豆小脑袋拨浪鼓似的摇摇摇，小嘴一嘟："不要！不要！"现在的豆豆，还是瘦得像根豆芽菜，让一家人头疼不已。豆豆的姥姥说：在豆豆一岁之前一直吃奶，只是偶尔给孩子尝尝菜汤蘸馒头，都说母乳最有营养，我们觉得不爱吃饭就不爱吃饭吧，就没及时给他加辅食。

像豆豆这样，虽然没生什么病，但还是不爱吃饭、特别挑食的孩子，很大程度上是辅食添加初期喂养不当造成的。婴儿期是儿童早期口味培养的敏感期，6～12个月大的婴儿神经系统发育得更成熟，随着动作、语言、社交能力的进一步发展，此阶段也是培养良好饮食行为的关键期。有人做过这样的研究，人们在婴儿时期尝过的食品，往往终生难忘。如果在这个时期只吃几种食物，长大后口味也会单调，很容易造成偏食。所以要在一岁前，尽可能多地让宝宝品尝多种食物的味道。一岁左右宝宝的口味基本就固定了，要让宝宝的味蕾敏感起来，就要抓住这个味道的敏感期，让宝宝对食物产生兴趣，打心底喜欢上吃饭。

阳光小贴士

在添加辅食的初期，由于宝宝的饭量有限，不一定让宝宝每一种食物都吃很多，而是变着花样让他多尝试几次，让宝宝知道每种食物的味道，他长大以后才会爱上这些味道。

6个月至2岁是宝宝味觉发育的关键期，在这期间，妈妈要让宝宝去尝试各种食物，这样他才会乐于接受各种食物，否则容易导致其味觉发育不充分，对于他从未体验过的味道，就会有抗拒心理，从而出现偏食、挑食。研究表明，长大后宝宝是否挑食，和此时段的喂养方式有直接的联系。吮吸、咀嚼、吞咽，这一系列的过程，实际上是在锻炼宝宝的动作灵活性。不同气味和口味的食物，会诱发宝宝的味觉和嗅觉的灵敏度。

辅食利于乳牙的萌出

辅食添加除了均衡营养、刺激味蕾，还有一个重要作用：有利于乳牙的萌出。6个月的宝宝，一半以上开始萌出乳牙，在这个时候添加辅食，让宝宝学习吞咽和咀嚼，更能刺激牙床，促进牙齿的萌发。

宝宝牙齿萌出是一个漫长的过程，从第一颗乳牙萌出到最后一颗乳牙萌出，需要大约两年的时间。

如果增加半固体或固体辅食，则会有利于宝宝牙齿的萌出。乳牙是宝宝的咀嚼器官，而蛋羹或软米饭等辅食都需要进行咀嚼。咀嚼训练可以刺激宝宝面部的颌骨和牙弓发育，从而有利于牙齿萌出，这也是日后使恒牙保持正常排列的一个重要条件。因此，随着月龄增长，宝宝的齿龈黏膜会逐渐变得坚硬，尤其长出乳门牙后，要不失时机地给宝宝提供半固体或固体食物，让其用齿龈或牙齿去咀嚼食物，以锻炼咀嚼肌，促进牙齿与颌骨的发育。

辅食利于宝宝的语言发展

很多人以为，宝宝与生俱来就有吞咽和咀嚼的能力，所以到了一定阶段自然而然就会吃东西，不需要特别训练或者培养。其实，这样的观念并不正确。吸吮是孩子出生后先天的本能，但是咀嚼却需要后天的训练。咀嚼时需要舌头、口腔、牙齿、面部肌肉、口唇等配合，才能顺利将口腔里的食物磨碎或咬碎，进而吃下肚子。所以，咀嚼能力是为了改变食物形状，宝宝整个口腔动作经长时间且经常性的练习使用才能达到的能力。

💗 大姐讲故事

　　我还护理过一个宝宝，不过这是个失败的例子。当时我接手了一个叫牛牛的一岁男孩，孩子虎头虎脑非常可爱，牛牛的妈妈是公司白领，这时已经开始上班了，白天就由我和牛牛的姥姥照看。姥姥非常仔细，而此时的牛牛按照辅食添加规律可以吃一些类似烂面条之类的粗一点的食物了，但是姥姥仍然让我把食物研磨成糊糊喂牛牛。我提了几次意见，但是老人很固执，总说食物太粗孩子不好消化，必须磨碎了再喂。牛牛妈也不敢违拗老人的意思，就偷偷跟我说："大姐，对不起了，您就按老太太的意思做吧。"我看着牛牛暗自摇头，别的孩子6个月就开始萌牙了，一岁的孩子最少也有四颗牙了，而牛牛却只有两颗牙，我离开后听说牛牛说话也特别晚，两岁了还不会说话，老人们却说"贵人语迟"，不要紧。

☀ 大姐有话说

　　像牛牛这样说话受到影响，在一定程度上，就是宝宝的口腔和舌头没能得到很好的锻炼造成的。若家长没有积极训练宝宝的咀嚼能

力，并忽略提供给各个阶段的宝宝不同的辅食，等宝宝过了1岁之后，家长就会发现宝宝因为没有良好的咀嚼能力，而无法咀嚼较粗或较硬的食物，进而有可能造成营养不均衡、挑食、吞咽困难等问题。

另外，宝宝的口腔肌肉功能得不到锻炼，还会影响面部、口腔肌肉的发育，而牙龈和牙齿没有得到适当地挤压和锻炼，其发育和排列也容易受影响，可能会齿根不牢固或者牙列拥挤，而且舌头、嘴唇等器官的灵活性也会受影响，阻碍宝宝的语言表达能力。所以，从宝宝4个月大开始，父母就要特别注意训练宝宝的咀嚼能力，利用添加辅食的时机，适时、适当地供给宝宝一些有硬度的食物，帮助宝宝乳牙的萌出，又兼有训练咀嚼能力的作用。

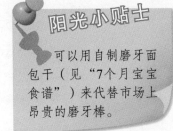

阳光小贴士

可以用自制磨牙面包干（见"7个月宝宝食谱"）来代替市场上昂贵的磨牙棒。

✎ 专家点评

宝宝的吸吮能力是天生的，而吞咽与咀嚼能力则需要训练、学习。吞咽能力的强弱，不仅影响宝宝的营养摄取及口腔发育，也影响肠胃消化功能和说话能力。至于咀嚼能力，宝宝吃辅食时，口腔内部、下颌、上下唇及舌头都要充分配合运作才能咀嚼食物，通过咀嚼动作，有助于肌肉咀嚼功能的协调和发展，增进与说话相关的肌肉的使用与发展。因此，咀嚼能力的强弱攸关日后的语言发展。咀嚼的过程让宝宝比较自如地调节呼吸与口腔的动作，为宝宝学习发声、开口说话打下良好的基础。

辅食利于智力开发、培养好习惯

对于0~2岁阶段宝宝的营养给予，是奠定宝宝一生健康的根基。辅食的作用不单单是健康方面的影响，也不单单体现在婴儿时期，对宝宝将来的智力发育和习惯养成都起着非常重要的作用。若说辅食添加会影响一生，一点儿也不过。

大姐有话说

　　已经是小学生的文文，特别让妈妈犯愁。班上的老师经常找文文妈妈谈话，说文文上课精力不集中，爱做小动作。其实，文文从上幼儿园开始，老师就总反映她吃饭磨蹭，吃饭时经常东张西望，别的小朋友早吃完了，文文一半还没吃下去。平时小朋友们做手工，她也是慢吞吞的，手的控制力不是特别好，老师反映她的精细动作有些弱，让她在家多锻炼锻炼。

　　很多孩子精力不集中是由于辅食没添加好造成的，这样说可能会有很多人觉得牵强，其实一点儿也不夸张。吃不好就睡不好，睡不好就精神差，抵抗力差，容易生病，由此形成了恶性循环。生活中有很多像文文这样的孩子，到了一定年龄，家长就发现问题了。该鼓励的也鼓励了，该批评的也批评了，可孩子身上的问题就是很难改。家长可以回想一下孩子婴幼儿阶段的一些情况，可能就发现问题所在了。吃辅食不仅仅是吃饭的过程，更是一个锻炼动作协调力的好机会。很多家长在喂饭的时候，怕孩子洒了吃不到嘴里去，或者弄得到处都是不好收拾，于是全靠大人喂，绝不让孩子动手。这样其实是放弃了让孩子锻炼的好机会。当你看到宝宝可以准确无误地把勺子里的饭送到嘴里的时候，请为让孩子们喝彩吧，这是多么了不起的进步。

添加辅食的过程也是锻炼孩子集中注意力的过程。首先培养孩子专心坐在桌子前吃饭的习惯。宝宝坐下来，专心吃饭，养成了好习惯，长大了就更容易接受和听从，并能安下心来，集中精力学习。

阳光小贴士

开始时，让宝宝用手抓着吃。到了八个月之后，喂饭时尽量让宝宝自己拿着餐具吃，这是一个难得的锻炼手眼协调能力的好机会。如果怕宝宝吃不饱，就给宝宝一把勺子学习，大人拿着另一把勺子帮助喂饭。另外，在喂饭的过程中，要常常告诉宝宝：今天我们做了哪些饭菜，你现在吃的是什么饭。

孩子抓着吃的时候，大人可以假装从他手里拿出一点儿来，吃一口，说真好吃，孩子也会感兴趣，争着吃。

盛饭的时候，不要一次给宝宝太多，太多了宝宝就会抓着玩儿；要一次少盛点儿，吃完了再给他添加。

不要阻止宝宝用手抓食，心灵手巧，手巧才能心灵，吃饭也是锻炼的好机会。

大姐讲故事

都说"七岁八岁狗都嫌"，"淘小子"乐乐虽然平时也是上蹿下跳，可是一到了上课，就目光炯炯有神，听得可带劲了。乐乐妈跟我描述这种场景时，我不禁想起了乐乐小时候吃饭的往事。

开始添加辅食的时候，我就规定乐乐必须坐在自己的餐桌椅上，单独在一个房间里"吃饭"，即使仅仅是几勺菜泥，也不能在乱哄哄的环境中吃。有时乐乐不爱吃饭，乐乐爸就想拿手机逗乐乐，都被我制止了，因为我就是要乐乐从小就养成吃饭专心的习惯，吃饭专心了，做其他事也都专心。

果然，乐乐长大后聪明活泼，偶尔也爱调皮捣蛋，但是说起专注力，则是从幼儿园到小学，老师都夸奖他，乐乐妈觉得这和从小给乐乐养成好的吃饭习惯有关。的确，辅食添加好，才能喂出聪明健康的好宝宝。

专家点评

添加辅食后，咀嚼的过程有利于宝宝面部骨骼、肌肉的发育，活跃宝宝脑部血液循环，使脑细胞获得更多的氧气和养分，从而促进大脑的成长发育。更重要的是，宝宝能够从中形成自主、自动的行为习惯。

二、辅食添加的原则

辅食添加的时间

婴幼儿生长发育迅速，物质代谢旺盛，需要营养相对较多，但消化功能尚未成熟，因此，小儿营养与喂养的基本原则是既要满足需要，又要适应消化能力。尤其在婴儿期，更为重要。

无论母乳喂养、混合喂养或人工喂养，均应按照婴儿的生长发育状况、消化功能的成熟程度及营养需要，及时添加辅助食品，逐渐过渡到以辅食作为主食，为断奶做准备。添加辅食，美国推荐从6个月开始，日本推荐从5个月开始，一般来说最早不能小于4个月。1～4个月的婴儿由于消化系统的功能发育还未完善，故不能过早添加辅食。

月份	辅食种类	软硬度	次数
5个月	微量的菜水，稀释果汁	液体食物	1餐
6个月	米粉、米糊、菜泥、果泥	稀糊状食物	2餐
7个月	软面条、玉米糊、蛋黄泥、鱼泥、鸡肝泥、稀饭	细粒状食物	2餐
8个月	小馒头、小馄饨、蛋糕、无盐虾皮、豆腐泥、羊肝泥、虾末、鸡肉末、猪里脊末	粗粒状食物	2餐

月份	辅食种类	软硬度	次数
9~11个月	米饭、水饺、小花卷、豆沙包、小疙瘩汤、面叶、蛋奶碎、猪肝泥、豆腐、炖菜	小丁状食物	2餐1点
12~18个月	土豆块、牛肉块、黄瓜片、猪肝片、肉丝、玉米饼、蔬果沙拉等	小块状食物	3餐2点
19~36个月	焗饭、肉片、各种丸子、凉拌菜、红烧类的菜	接近成人	3餐2点

特别提示：低月龄不要吃高月龄的辅食，但高月龄可以吃低月龄吃过的辅食。

专家点评

添加辅食的顺序：首先添加谷类食物（如婴儿营养米粉），其次添加蔬菜汁（蔬菜泥）和水果汁（水果泥）、动物性食物（如蛋羹，鱼、禽、畜肉泥等）。建议添加动物性食物的顺序为：蛋黄泥、鱼泥（剔净骨和刺）、全蛋（如蒸蛋羹）、肉末。

辅食添加的原则

婴儿期的宝宝各方面都比较娇嫩，还处于对外界的一切逐步学习和适应的阶段。在接受辅食方面，也应该有一个循序渐进、慢慢适应的过程。所以在辅食添加上，必须遵循在恰当的时间，由少到多、由稀到稠、由细到粗、由软到硬、由素到荤、由一种到多种的原则，辅食添加必须在宝宝健康、消化功能正常时进行，要经过一个试食、适应、喜欢的过程。

1. 在时间上，添加的辅食必须和宝宝的月龄相符

不同月龄的婴幼儿，身体发育程
度不一样，需要对应不同的辅食。如
过早添加辅食，宝宝会因消化功能尚
欠成熟，容易出现呕吐和腹泻，消化
功能发生紊乱；过晚添加会造成宝宝
营养不良，甚至会因此拒吃非乳类的
流质食品。

恰当的时间

2. 从一种到多种，按照宝宝的营养需求和消化能力逐渐增加食
物的种类

由一种到多种

开始只能给宝宝吃一种
与月龄相宜的辅食，尝试3~4
天后，如果宝宝的消化情况良
好，排便正常，再尝试另一
种，千万不能在短时间内一下
增加好几种。这样如果宝宝对
某一种食物过敏，在尝试的几天里就能观察出来。

3. 由少到多

逐样喂食时每次要少量，如开始1茶匙，逐渐增加到2~3大汤匙或半
碗，这要由食物的种类而定。在4~6个月时，每天应喂一餐其他食物，
并加喂母乳。

由少到多

4. 从稀到稠

宝宝在开始添加辅食时，都还没有长出牙齿，只能给宝宝喂流质食品，逐渐再添加半流质食品，最后发展到固体食物。例如：米糊→粥→软米饭。

米糊 → 粥 → 软米饭

由稀到稠

5. 从细小到粗大

6～7个月的宝宝应吃磨得很细的食物；8～9个月宝宝，可吃磨得中等细的食物；10～11个月的宝宝，应吃柔软的块状食物，因为这时，宝宝已开始用牙龈咀嚼食物；12个月的宝宝可吃相对粗糙的食物。

宝宝开始添加辅食时的食物颗粒要细小，口感要嫩滑，锻炼宝宝的吞咽功能，为以后过渡到固体食物打下基础。在宝宝快要长牙或正在长牙时，家长可把食物的颗粒逐渐做得粗大，这样有利于促进宝宝牙齿的生长，并锻炼他们的咀嚼能力。

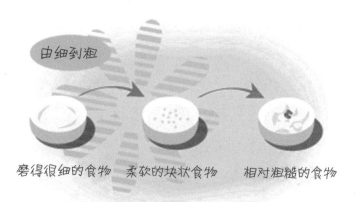

由细到粗

磨得很细的食物　　柔软的块状食物　　相对粗糙的食物

6. 在宝宝健康、消化功能正常时添加

遇到宝宝身体不适，如感冒、发烧、腹泻、过敏等不良反应时，应尽量避免添加辅食，或者尽量不要添加新的辅食。

专家点评

婴儿辅食添加过程中要注意以下几个问题：

1. 辅食不要代替乳类。有的宝宝喜欢吃辅食，家长便减少母乳或配方奶的摄入，这种做法很不可取。对于低月龄宝宝，食物还是应该以母乳或配方奶粉为主，其他食物只能作为一种补充。

2. 辅食要鲜嫩。辅食应该以天然、清淡为原则，制作的原料一定要鲜嫩，制作辅食时应尽可能少放或不放糖、盐，不加调味品，但可添加少量食用油。

3. 让宝宝愉快"进餐"。不可强迫宝宝进食，因为这会使宝宝产生受挫感，给日后的生活带来负面影响。

三、初期辅食添加要领

抓住添加辅食的时机

虽然不同国家推荐添加辅食的时间从宝宝4个月到6个月不等，大多数国家推荐6个月，但是每个宝宝的发育状况不同，有的宝宝早产，有的宝宝吃母乳，有的宝宝吃配方奶，不能说规定是6个月，5个月20天就不能添加，或者从满6个月的那一天开始添加，这都是不科学的。我们认为推荐的时间是一个时间段，具体操作一定要根据宝宝的实际情况。家长们可以通过以下几点来判断是否开始添加辅食：

1.体重
宝宝体重要达到出生时的2倍，至少达到6千克。

大姐讲故事

泽初早产20多天，他妈妈生了她之后母乳不太好，晚上一直喂奶粉。5个月时，泽初的体重已经和正常的孩子一样了，甚至还更重一点。这时候，泽初出现了晚上吃过奶粉睡不踏实的问题，后来又遇到了厌奶期，不

体重

喜欢喝奶。泽初妈妈尝试给宝宝换奶粉，几乎是几天一换，换了好几个品牌的配方奶，都不行。我就尝试着给泽初吃了几次果汁和菜汁，效果不错，宝宝喝奶也好了。后来加上了米粉，白天正常吃饭正常吃奶，临睡前3个小时给泽初喂上辅食，把他喂饱，睡前再喝点儿奶，孩子吃饱了就一觉到天亮了。

2. 吃不饱

如果宝宝原来能一觉睡到天亮，现在却经常半夜哭闹，或者睡眠时间越来越短；每天母乳的喂养次数也增加到8～10次或喂配方奶粉达到了1000毫升，但宝宝仍处于饥饿状态，一会儿就哭着找吃的。这表明只是喂奶已经不能满足宝宝的要求了，这时就要添加辅食。宝宝出生6个月前后出现生长加速期，这是添加辅食的最佳时机。

吃不饱

发育状况

3. 发育状况

宝宝能控制头部和上半身，能够扶着或靠着坐，胸能挺起来，头能竖起来，宝宝可以通过转头、前倾、后仰等来表示想吃或不想吃，这样就不会发生强迫喂食的情况。

4. 伸舌反射

很多父母都发现起初给宝宝喂辅食时，宝宝常常把刚喂进嘴里的东西吐出来，宝宝这种表现是一种本能的自我保护，称为"伸舌反射"，说明喂辅食还不到时候。如果这时父母一味地硬塞、硬喂，会让宝宝厌恶吃饭。

伸舌反射

行为上想吃东西

5. 行为上流露出对吃饭的兴趣

看见大人吃饭，宝宝就会手舞足蹈地探着身子抓东西吃，可能还会来抓勺子，抢筷子，或者将手或玩具当成吃的往嘴里塞，说明宝宝对吃饭有了兴趣。

❤ **大姐讲故事**

有一次，小区里有位妈妈说，她的宝宝六个多月了，看见妈妈吃东西可激动了，用手掰她的嘴，好像是要到她嘴里拿吃的，这个妈妈觉得宝宝可爱，当笑话讲，并没有重视。我就告诉她：这说明你家宝宝该加辅食了。那位妈妈却说：我家宝宝现在喝奶喝得挺好，多喝段时间奶不更壮吗。

大人嚼，宝宝用手去抓大人的嘴，嘟着嘴去大人嘴边找吃的，或者当父母舀起食物放到宝宝嘴边时，宝宝会尝试着舔进嘴里并咽下，宝宝笑着，看上去很高兴、很喜欢吃的样子，说明宝宝对吃东西有兴趣，这时就可以放心给宝宝喂辅食了。如果宝宝将食物吐出，把头转开或推开父母的手，说明宝宝不想吃，这时父母一定不能勉强，可以隔几天再试试。

何时给宝宝添加辅食也是有讲究的。过早添加的话宝宝肠胃可能不能接受，容易出现湿疹、过敏、肠痉挛、肠梗塞等状况；过晚添加则会造成营养素不足，生长发育慢。

提前尝味道不等于添加辅食

虽然一般宝宝6个月大时开始添加辅食，但是在实际操作过程中，月嫂们常常在4个月左右就开始让宝宝们尝试新味道。但这种味道尝试不等同于辅食添加，只是每次一到两勺，让宝宝体验不同的味道。这里所用的勺子，是宝宝勺，不是大人用的勺子。

添加方法，可以在两顿奶之间，制作单一的蔬菜或者水果汁，稀释后，用宝宝的勺子，舀一点儿放在宝宝的舌头上，让他尝尝，然后告诉宝宝，现在尝到的是什么味道。以此来刺激宝宝味觉，让他在添加辅食时更容易接受新味道。

果汁的制作：

　　新鲜水果洗净去皮切开，将果汁挤出后用滤网过滤，1份原汁兑3倍的温开水。

菜汁的制作：

　　新鲜蔬菜，如菠菜、小白菜、胡萝卜、空心菜等，选取一种。取50克，去茎留叶，用流动的清水洗净后浸泡5分钟左右，切碎放入沸水中，不盖锅盖煮5分钟，滤去杂质，留取菜汁，待放温后食用。

辅食添加初期，应暂停辅食的情况

1. 腹泻时应暂停辅食添加

大便的变化是辅食添加合理与否的重要反映。如果新添加了某种食物后，宝宝大便性状良好，没有什么大的变化，就可以继续添加。当然不是说只要大便变化就要停止，比如吃了苹果大便可能会变黑。只要宝宝精神状态良好，大便颜色变化了也没关系。但如果宝宝有腹泻、水样便等不良反应，就应该停止此种食物的添加，等身体恢复以后再喂。

2. 出现过敏反应时，停止添加此种辅食

刚开始添加辅食时，每次添加新的食物，要观察3～4天，宝宝没有不良反应和过敏反应才能再继续添加。过敏反应表现为：嘴或者肛周出现皮疹，腹胀，腹泻，便秘，哮喘，流鼻涕或流眼泪，眼睛发红或者耳朵感染以及异常不安的哭闹，这些现象都要引起注意，判断是不是由于食物过敏引起的不良反应。

3. 打预防针时，请暂停辅食添加

刚开始添加辅食时，如果遇到打预防针，最好暂停辅食，注意观察宝宝的情绪、体温、皮肤，多喝水注意休息。由于多种预防针可能会引起宝宝发烧、呕吐、腹泻、荨麻疹等反应，此时应暂停辅食添加，以便于确定究竟是什么原因引起宝宝的不良反应。

专家点评

添加辅食要在婴儿身体健康、心情高兴的时候进行。当宝宝患有疾病时，不要添加从来没有吃过的辅食。如果婴儿出现了腹泻、呕吐、厌食等情况，应该暂时停止添加，等到宝宝消化功能恢复，再重新开始，但数量和种类都要比原来减少，然后逐渐增加。

进食中的注意事项

1. 固定进餐地点

为使宝宝能够集中精力安静下来吃饭，从6个月辅食添加开始，最好就将宝宝放在宝宝餐椅里，坐在餐桌前就餐，及早适应并且养成良好的习惯。

2. 安静的环境

宝宝进餐前，要把所有的玩具全部收起来，关闭电视、电脑、ipad，不要逗宝宝，大人们最好也不要在宝宝进餐时进行热烈的讨论。

3. 用勺进食

不要以为宝宝喜欢奶瓶，就什么都放在奶瓶里让宝宝喝。从辅食添加开始，就要用勺和碗进餐。须要注意，勺子的软硬度和大小要符合宝宝的月龄特点。当宝宝有一定抓握能力后，可让他自己拿小汤勺进食。

4.碗勺要选用不易破碎的材质

宝宝活泼好动，对手的控制力也不完善，选择餐具时一定要选不易碎的。如果是瓷或者玻璃碗勺，一旦碰碎，不但容易造成烫伤，碎茬打扫不干净还可能刺伤宝宝，非常危险。所以最好选用不锈钢材质的碗盘。

碗勺要选用不易破碎的材质

选用不锈钢材质

瓷 怕碰　　普通塑料 怕热

阳光小贴士

餐具的消毒方法

消毒锅消毒：用蒸奶瓶的消毒锅。

蒸气消毒：洗净餐具后，放入蒸锅，蒸10~15分钟。注意不要直接放入热水煮，那样煮过的餐具会附着一层白色的水垢。

专家点评

宝宝进食要从被动转主动。

传统的喂养方式有一个明显的特点——被动，还有各种不正常的喂食方式，如边看电视边喂食、边玩边喂食等。

用主动进食代替被动进食，表面看只是对宝宝喂食方式的小小改变，但其中蕴涵的后续影响却非常重要。

美国哈佛大学曾就人脑发育进行临床研究，研究表明婴幼儿进行自主的外部行为越频繁，对脑细胞的刺激就越多，形成的神经元也越多，大脑各区域间的协调能力便增强，对婴幼儿成长有很大的促进作用。咀嚼就是锻炼脑部发育的行为之一，医学界有一种说法是"咀嚼等于聪明"，讲的也是同样的道理。

怎么判断宝宝吃饱了

当你已经给宝宝喂了足够量的食物时，他会有以下反应：

① 紧闭着嘴，就是不张开。

② 推开勺子、碗，或者用手把碗打翻。

③ 把头扭向一边。

④ 反复地吐出食物。

⑤ 倚在他的高脚椅上或试图爬出来，哭闹、喊叫。

宝宝只要有以上其中一个表现，就不要再强喂了。宝宝虽小，但知道饱，强迫宝宝进食，只能让宝宝反感厌恶吃饭，或者导致积食对宝宝身体造成伤害。

专家点评

宝宝体重的变化状况，往往能表明宝宝是吃饱了还是饥饿。6个月内的婴儿，平均每月增加体重600克或至少每周递增125克，大于6个月的婴儿平均每月体重增加500克，这就说明婴儿吃得饱。

如果婴儿的体重增加达不到上述标准，而且相差较大，在排除了疾病之后，多是奶量不足、喂养不当导致婴儿吃不饱。宝宝吃饱了就会情绪良好，表现愉快。

四、辅食添加的禁忌和误区

添加四忌：过早、过晚、过滥、过细

1. 忌添加时间过早

（1）辅食添加过早，往往引起宝宝消化不良。

（2）辅食添加过早，会减少宝宝对母亲乳房的吸吮次数，减弱母亲体内的泌乳反射，使乳汁分泌量减少。

大姐有话说

　　我照顾的一位产妇，她的娘家嫂子是位大学老师，也刚生完孩子，孩子三个半月的时候，有事出差几天，孩子由奶奶照顾。有天早晨，产妇告诉我："王姐，我妈办了个坏事，惹得我嫂子不高兴了。我妈看孩子大便有点稀，就给孩子吃上蛋黄了。现在孩子三天没解大便了。我嫂子急了，在电话里发脾气。这可怎么办啊？"原来，是孩子奶奶听村里人说：你家孩子这么胖，光喝奶粉喝不饱啊，你得给他加点吃的了。于是孩子奶奶有时候熬上小米油加上蛋黄，有时候把蛋黄加到奶粉里。一次一个蛋黄，孩子三天没拉大便。

　　刚离开母体的婴儿，消化器官很娇嫩，消化腺不发达，许多消化酶尚未形成，消化功能差，此时还不具备消化辅食的功能。如果过早添加辅食，会增加婴儿消化器官的负担，消化不了的辅食不是滞留在腹中"发酵"，造成腹胀、便秘、厌食，就是增加肠蠕动，使宝宝便量多、次数增加，最后导致腹泻。因此，出生4个月以内的婴儿忌过早添加辅食。

2. 忌添加时间过晚

有些家长怕宝宝消化不了，对添加辅食过于谨慎。宝宝早已过了6个月，还只是吃母乳或奶粉。殊不知宝宝已长大，对营养、能量的需要增加了，光吃母乳或奶粉已不能满足其生长发育的需要，这时应合理添加辅食了。同时，宝宝的消化器官功能已逐渐健全，味觉器官也发育了，已具备添加辅食的条件。另外，此时宝宝从母体中获得的免疫力已基本消耗殆尽，而自身的抵抗力正需要通过增加营养来产生，此时若不及时添加辅食，不仅宝宝生长发育会受到影响，还会因缺乏抵抗力而导致疾病。因此，对出生4个月以后的宝宝要根据身体情况添加辅食。

大姐有话说

　　我见到乐乐的时候，他已经8个月了。那时，他每天还是只喝配方奶。平时都是乐乐的奶奶在家带乐乐，奶喝得倒是不少，就是一次也没添加过辅食。我开始还以为老人自己带孩子忙不过来，只喝奶比较省事。我就告诉乐乐奶奶，都8个月了还不添加辅食对孩子不好，营养不均衡，必须得给孩子添辅食了。乐乐奶奶却说："不用添这么早，乐乐喝的奶粉都是他妈妈托朋友从欧洲带回来的，你看看人家奶粉罐上那一大列营养成分表，多均衡啊，最有营养了，让他多喝段时间吧。吃那点辅食能管啥用啊，不如多喝点奶。我带乐乐姐姐的时候就没那么早吃，她吃她妈妈的奶吃到11个月才开始吃饭，你看看她现在都10岁了，这不是长得挺好得嘛。"

　　其实生活中有很多家长像乐乐奶奶一样，不重视辅食添加。他们总觉得，家里不缺钱，可以让宝宝多喝奶粉，这样长得好。可我们要知道，到了一定的月龄，奶粉已经不能完全满足宝宝生长发育的需要了。这时就要根据宝宝的需要，逐步添加辅食，让宝宝慢慢去品尝，去接受。

3. 忌辅食过多

很多宝宝，从添加辅食开始，胃口就很好，家长一看孩子爱吃，当然很高兴，于是不考虑孩子的消化能力和胃容量，看孩子爱吃，就什么都做给他吃。一顿饭下来，蛋黄、米粥、菜泥、肉泥，全给孩子喂下去，往往导致宝宝积食。

大姐有话说

　　我照顾过一个叫图图的宝宝，他喜欢吃得饱饱的让我抱一会儿，趴在我的肩膀上很享受。可有一次刚待了一会儿，我发现图图的嘴里有东西在嚼。我就问：图图你吃的啥啊？结果，图图的奶奶在一旁偷着笑。原来奶奶是疼孙子，看着孩子胃口好，就总想着多给孩子吃几口。我们怕孩子撑着，总是拦着不让她多喂，于是她就总是偷着喂。

　　老人爱孩子，是可以理解的。但有时候，不科学的喂养，不是爱而是害。宝宝虽能添加辅食了，但消化器官毕竟还很柔嫩，不能操之过急，应视其消化功能的情况逐渐添加。如果任意添加，同样会造成宝宝消化不良或肥胖。撑着一次，宝宝甚至一个月都不再愿意吃饭，更严重的是，很多孩子因为吃多了，引起了发烧等症状，而不得不送医院就医。

4.忌辅食过细

一些父母给宝宝吃的自制辅食过于精细,使宝宝的咀嚼功能得不到应有的训练,不利于其牙齿的萌出和萌出后牙齿的排列,食物未经咀嚼也不会产生味道,既勾不起宝宝的食欲,也不利于味觉的发育,面颊发育同样受影响。这样下去,宝宝的生长当然不会理想,还会影响大脑的发育。

专家点评

不足4个月的宝宝,娇嫩的消化系统还不足以消化结构复杂的食物,若太早添加辅食只会影响宝宝发育,导致宝宝消化不良、腹胀、腹泻等,还会给肾脏带来压力。若6个月后还不添加辅食也不行,宝宝热量和营养素摄入不足会导致营养不良或发育迟缓。具体到每个宝宝添加辅食的时间得看宝宝生长发育情况,有的宝宝过早添加辅食会有过敏的危险。

辅食添加误区

1.养成专心吃饭的好习惯,不能让孩子边吃边玩

大姐有话说

我带过一个宝宝,当时11个月大,只会吃泥状、糊状的烂面条。吃饭的时候,宝宝周围摆了一堆玩具,我一看,这是玩儿啊还是吃啊。这时宝宝已经错过了咀嚼期,不会嚼。他的家人就用豆浆机打糊糊,面条用小锅煮得非常烂,其他的食物也剁得很碎。我给宝宝喂饭也喂不上,吃两口就不吃了。吃到嘴里也从来不嚼,一边玩着玩具,一边囫囵吞咽。我让宝宝的家人先把玩具都收走,让宝

宝的注意力放在吃饭上。除了吃饭环境的改进，我还加强宝宝的运动。他家里有爬行垫，我就和他一起爬一起玩儿，增加他的运动量，

还坚持游泳，宝宝食欲增加了，饮食就慢慢调理好了。

有些家长为了让孩子乖乖吃饭，就拿着玩具、手机等哄孩子，有的甚至让孩子边看电视边吃。孩子的注意力全部都在玩具上或者电视上，不知道自己是在吃饭。孩子注意力不在吃饭上，咀嚼不充分，消化也不可能好。

要让宝宝好好吃饭，首先要营造出吃饭的环境。吃饭要有吃饭的环境，大人通过环境暗示宝宝，通过语言引领宝宝，使宝宝对食物产生兴趣。

2. 辅食添加好，切勿把孩子撑着

大姐讲故事

我带过一个宝宝叫明明，从出生到一岁都是我照顾他。从添加辅食开始，就按照步骤循序渐进地添加，加得挺好，宝宝也喜欢上吃辅食。但是大人们看见宝宝喜欢吃就高兴，总是能多给宝宝吃一口就多给他吃一口。宝宝7个多月的时候，有个周末我休班，家长就把明明给撑着了。孩子开始拉肚子，拉那种颗粒状的尼尼，再也不喜欢吃饭了。当时我们都很着急，我就把其他辅食停掉，给宝宝喂小米汁，贴肚脐贴，揉肚子，推拿，十几天之后才慢慢有好转，过了一两个月才基本恢复到之前的状态。

给宝宝喂辅食的时候一定要注意量，喂个七八成饱就可以了。一般情况下宝宝们都知道饱，宝宝自己不想再吃的时候，家长不要自己觉得宝宝吃得不多，就强行再多喂点儿，这样很容易撑着。宝宝们也有自己的喜好，遇到自己喜欢吃的总想多吃两口，大人们要注意观察，如果觉得宝宝吃得差不多了，就算宝宝还不停地要吃，大人们也不要再喂了，可以耐心地告诉宝宝："宝宝，今天已经吃得很多了，我们下顿饭再吃。妈妈知道宝宝喜欢吃这道菜，以后妈妈多给你做。"俗话说"若想小儿安，三分饥和寒"，是非常有道理的。欠一口不要紧，千万不能撑着。宝宝撑着了，有时候调养一两个月都不一定见好。

3. 怕孩子嚼不烂不吸收，家长嚼嚼再喂

大姐讲故事

我照看一个叫淘淘的宝宝时，他的邻居家也有个不到一岁的宝宝，平时都是姥姥带着。这个邻居叫我"淘淘阿姨"，姥姥看我家宝宝又可爱又壮实，就经常找我交流经验："我做饭和你做得一样，我放的东西比你多，怎么你孩子养得这么壮实，我家孩子这么瘦，我闺女老埋怨我做菜做得不够好，我已经够尽心了。"有次，孩子姥姥说："我特别注重宝宝的营养，这不，刚给他吃了八个虾，可这孩子饭量大，吃了八个大虾还没饱。"我就问她你这八个虾怎么吃的？孩子姥姥笑了，我一看她的牙上还沾着虾肉。原来孩子姥姥

奶奶嚼嚼再喂？

香~

总担心宝宝小嚼不烂，于是自己用嘴嚼碎了之后再喂到孩子嘴里。我告诉孩子姥姥，你做了八个虾，这孩子能吃上两个就不错。虾里大部分的营养让老人吸收了，到了孩子那里几乎一点儿营养都没有了。后来不这么喂了，姥姥说孩子吃三个虾就饱了。

☀ 大姐有话说

过去很多老人带孩子，总担心宝宝小，嚼不碎不吸收，喜欢大人嚼烂了再喂宝宝，这是要坚决杜绝的行为。这样做的危害很大，一是经过咀嚼的饭菜，到宝宝嘴里时部分营养已经丢失了。二是非常容易传染疾病。大人的抵抗力和宝宝不同，有些病菌在大人身上时不一定发病，或者发病不一定严重；通过这种方式传染给宝宝时，后果可能会非常严重。媒体曾报道过，有位奶奶在患口疮期间嚼食喂一岁多的孙女，导致孙女包括眼睛在内的全身溃烂，在专家进行了长达七天的抢救后，才保住了性命。其实老人们不必担心宝宝太小咀嚼不了，只要按照月龄阶段合理地制作食物，宝宝都可以接受。宝宝的咀嚼能力只有通过不断地锻炼，才能逐步提高。若真怕宝宝嚼不好，大人可以嘴里嚼着块口香糖，让他看着大人嚼，跟着学。大人咽的是唾液，孩子咽的是饭。

4. 不要因大人的心理暗示，影响宝宝的饮食偏好

♥ 大姐讲故事

我照看过一个四岁的宝宝，她不爱吃蘑菇。我问她你见过蘑菇吗？她说没有。我说没见过你为什么不吃？原来她一提蘑菇就吐，是因为她妈妈吃了蘑菇就干呕。后来我让她妈妈保密，偷着给她做

不要因大人的心理暗示，导致孩子偏食

蘑菇。孩子可喜欢吃了，而且还问："阿姨你这是做的什么肉啊，太好吃了，我以前都没吃过。"我根本没有给她提蘑菇两个字，先让她去接受。一盘子快吃完了，她妈妈实在忍不住了，在一旁说："你吃蘑菇吃得这么香啊！"孩子正嚼着，那一口都没咽下去。妈妈不吃，孩子也觉得这个东西很难吃。大人的一些习惯，会潜移默化地给孩子一些影响。

大姐有话说

很多宝宝的饮食习惯是受家庭影响的，大人们平时要注意多往好的方面去引导宝宝，多描述各种食物的香味和好处。千万不要让大人的挑食、偏食和喜好过多影响宝宝。比如你不喜欢吃胡萝卜，就会无意中说起胡萝卜有多么的不好吃，其实这干扰了孩子的意识，宝宝很容易拒绝这种食物。有时宝宝不用去尝，直接就拒绝食用，因为大人把这个信息灌输给他了。

专家点评

在6～12月龄，母乳（配方奶）仍是宝宝生长的重要营养来源，是首选食物。按照我国《婴幼儿喂养建议》，6～12月龄的宝宝应保证每天摄入的总奶量在600～800毫升左右，这一点一定不能忽视。另外，在尝试吃辅食阶段，主要是让宝宝体验、接触母乳（配方奶）以外的食物，训练咀嚼、吞咽的技能，刺激味觉发育，辅食添加不能影响总的奶量，那种以牺牲奶量来增加辅食摄入量的做法是不可取的。

添加各类食物的注意事项

1. 主食类

谷类食物，很容易消化、吸收，而且不易致敏，很多家长给宝宝添辅食时首选米粉、稀粥等谷类食物，这样做是正确的。但不要偏向于选择过于精细的谷类食物，因为这类谷类食物里维生素遭到破坏，特别是缺少了B族维生素的摄入，会影响宝宝神经系统的发育。而且，损失过多的铬元素会影响宝宝视力发育，成为近视的一大诱因。

2. 荤食类

荤食类富含铁元素和蛋白质，通常被认为是非常有营养的食物，将肉炖至酥烂或者剁成泥，都有利于宝宝顺利吃进和吸收。不过以下所列举的这几种食物，在辅食添加的初期，还是不要让它们出现为好。

蛋 清

鸡蛋清中的蛋白分子较小，有时能通过肠壁直接进入婴儿血液中，使婴儿机体对异体蛋白分子产生过敏反应，导致湿疹、荨麻疹等。蛋清要等到宝宝8个月以后才能添加，有过敏史的宝宝要到一岁之后再尝试添加。

汞含量较高的鱼

汞主要以甲基汞的有机形态积聚于食物链内的生物体中，特别是鱼类，而甲基汞可能会影响人类神经系统，孕妇、胎儿和婴儿更容易受到影响。

在选择鱼类时，应避免进食体型较大的鱼类或其他汞含量较高的鱼类，包括鲨鱼、剑鱼、旗鱼、鲶鱼、罗非鱼、金目鲷及吞拿鱼，特别是大眼吞拿鱼、蓝鳍吞拿鱼等。

带壳类海鲜

螃蟹、虾等带壳类海鲜易引发婴儿的过敏症状，对过敏体质的宝宝，也不宜在1岁以前喂食。

3. 蔬菜类

宝宝出生5个月左右，就可以给他添加一些蔬菜汁，再大一些就可以添加蔬菜泥。蔬菜中含有大量的维生素和矿物质，好处多多，但也要注意有些蔬菜还是不宜过早出现在辅食中的。

含有大量草酸的蔬菜

菠菜、韭菜、苋菜等蔬菜含有大量草酸，在人体内不易吸收，并且会影响食物中钙的吸收，可导致儿童骨骼、牙齿发育不良。所以在吃这类蔬菜前之前必须要焯水，去掉大部分草酸。

不易消化的蔬菜

婴儿的消化功能发育不完全，所以竹笋和牛蒡等较难消化的蔬菜最好等宝宝大些再喂给他吃，此外，纤维素太多的菜梗也不要喂给宝宝吃。

4. 水果类

水果中含有宝宝正常生长发育所需要的维生素C，且酸甜可口，是非常适宜的婴儿辅食。水果中又有哪些不适合进入到辅食的呢？一般来说，容易引起过敏的，最好都不要给宝宝吃。

过敏不仅会引起皮肤红肿发痒，发生皮疹、腹痛、腹泻，还会造成哮喘，特别是儿童，食物过敏往往是过敏性哮喘的主要诱因之一。3岁以前的儿童出现食物过敏的概率很大。

芒果

芒果中含有一些化学物质，不成熟的芒果还含有醛酸，这些都对皮肤的黏膜有一定的刺激作用，易引发口唇部接触性皮炎。

菠萝

菠萝含有菠萝蛋白酶等多种活性物质，对人的皮肤、血管都有一定的刺激作用，有些人食用后很快出现皮肤瘙痒、四肢口舌麻木等症状。

有毛的水果

表面有绒毛的水果中含有大量的大分子物质，婴幼儿肠胃透析能力差，无法消化这些物质，很容易造成过敏反应，如水蜜桃、奇异果等。

5. 饮料类

牛奶、酸奶

宝宝要吃母乳或者配方奶到一岁以后再增加牛奶，因为牛奶中缺少重要的铁和维生素C。

常规推荐一岁以上的婴幼儿才能接受酸奶。其原因是一岁以上宝宝才能接受鲜奶，一般酸奶是以鲜奶为基础制作的。但如果家庭内能够用婴幼儿奶粉制作酸奶，六个月以上宝宝可以接受，但摄入益生菌的量应是有限的，食入过多会导致腹泻，所以只能作为辅食，少量添加，同时注意大便性状。

刺激性的饮料

可乐、咖啡、浓茶等含太多糖分或咖啡因且没有营养，容易引起蛀牙，影响宝宝的味觉，使宝宝兴奋不安，甚至打乱宝宝的作息规律。

6. 油类

宝宝八个月前，吃植物油和脂肪含量过高的食物，很容易引起腹泻等，因此不建议食用此类食物。

核桃油、芝麻油、亚麻籽油高温下稳定性差，最好用于凉拌，或出锅后再滴入。

大豆油、菜籽油适合低温炒制。烹调时，热锅冷油，油到七八成热时放菜，千万不要等油冒了烟再放菜。

7. 调味类

沙茶酱、西红柿酱、味精，或者含有过多糖分的口味较重的调味料，摄入后容易加重宝宝的肾脏负担，干扰身体对其他营养的吸收。一岁以内的宝宝也不要吃盐，味精过多则会影响血液中的锌的利用。

8. 零食类

严格地说，在宝宝添加辅食的初级阶段，不应该给宝宝吃零食，特别是含有添加剂及色素的零食，这些东西营养少糖分高，而且容易破坏婴幼儿的味觉，引起蛀牙等。

专家点评

在家庭制作婴儿辅食时，宜根据宝宝月龄选择适当的食物，不宜添加盐、味精和过量的糖，以天然口味为宜。不放或少放调料，特别是添加辅食的初期，原则上不放调味品。虽然有些食物的天然口味很淡，但对宝宝来说却很可口，宝宝的味觉、嗅觉发育还不完全，不能用成人的口味来衡量。而且，经常吃口味重的食物会使宝宝养成不良饮食习惯，影响身体健康。

特殊食物食用的注意事项

为了宝宝的健康和减少过敏，以下几种食物开始时尽量不要给宝宝食用。

含有面筋的食物

六个月以内的宝宝不能吃任何含有面筋的食物，如面粉、燕麦等。凡是容易引起过敏的食物都尽量迟一些添加。

盐

宝宝满一周岁前，所有的食物应尽量不添加盐，过多的盐会对宝宝还未成熟的肾脏造成负担，而且过咸的食品会影响宝宝的饮食习惯，造成日后的血压高。另外，过多的盐也会影响宝宝对钙的吸收。宝宝小的时候并不需要盐，也不知道要吃咸，所以不要着急加盐，可以用水果和蔬菜的自然味道调味，这一点对宝宝日后的身体健康很重要。

糖

宝宝的食物中要少加糖，吃糖太多会增加宝宝蛀牙的风险，而且，血中的血糖急速变化可能导致宝宝情绪化，特别爱哭爱闹。建议尽量不要在饮食中加糖，主要利用水果和蔬菜中的自然甜味令宝宝的辅食美味。

蜂蜜

由于蜂蜜中含有的菌类，可能造成宝宝感染，甚至中毒，所以一岁以前绝对不要给宝宝吃蜂蜜。有的家长说宝宝便秘需要喝蜂蜜水，但一岁前绝对不能加蜂蜜。解决宝宝便秘建议根据宝宝月龄，喂服稀释的橙汁、生苹果汁、香蕉泥、南瓜泥、火龙果或者菠菜水。

鸡蛋

这是容易造成过敏的食品，要尽量晚一些添加。而且鸡蛋一定要完完全全煮熟了再给宝宝吃。过敏体质的宝宝8个月时再开始增加蛋黄，蛋清部分更易引起过敏，应加得更晚。

果仁

在英国，要求宝宝5岁以后再增加果仁，一是容易过敏，二是容易卡着宝宝，有危险。对不过敏的宝宝，可以做成果仁粉馒头或者米糊进食。

草莓和猕猴桃

草莓是水果中最容易造成过敏的食物之一，特别是宝宝有哮喘或湿疹就更要避免吃草莓。猕猴桃只能喂给8个月以上的宝宝，不满8个月尽量不要吃猕猴桃。

橙　汁

宝宝饮水应以白开水为主。橙汁的酸性较强，对宝宝的肠胃刺激太大，应晚些加。所有的果汁都应该至少稀释至2倍以后给宝宝饮用，不要太甜。每天的饮用量不能太多，1岁前不要超过100毫升，1～4岁不要超过200毫升。饮用太多的果汁容易造成宝宝腹泻。

第二章

为添加辅食做好准备

一、工具准备及注意事项

1. 刀具、砧板

刀具和砧板要注意生熟分开，如果条件允许，制作辅食的刀具砧板最好单独一套。

2. 奶锅

奶锅不仅可以热奶，还是辅食制作的好帮手。宝宝食量小，如果用大人用的锅，少了做不着，多了吃不了，非常不方便。小奶锅焯水、煮粥、煮蛋、下几个饺子馄饨最方便。

3. 蒸锅

宝宝的饭菜应避免油炸，而以蒸煮为主。做蔬菜泥、蛋羹、面食都离不开蒸锅。

4. 电饭锅

蒸米饭、熬粥、做蛋糕，省时省力最方便。

5. 辅食研磨套装

在实际操作中，这套工具应该是最实用、最方便的辅食制作工具了。

研磨盖

菠菜、肝类、肉类等纤维食物，可以用研磨棒在带刺的盖子里磨成泥，还能边研磨边挑出筋或者丝。

过滤网

榨好的果汁，可以通过过滤网过滤掉杂质。如果感觉泥状食物研磨得不够细，也可以通过过滤网再滤一遍，食物就非常细腻了。

储物盖

可以盖在研磨碗或者研磨盖上，用于冷藏食物，或者放在微波炉里加热。

研磨碗

蒸煮过的纤维比较少的蔬菜、肉类，如土豆、地瓜、南瓜等，可以放在研磨碗里用研磨棒研磨。

榨汁器

研磨碗上放置过滤网，再放上榨汁器，将果蔬洗净切开，放在榨汁器上轻轻转压就可以出汁了，榨出的汁通过下方的过滤网直接过滤掉颗粒和杂质。操作起来简单方便又好清洗。

研磨板

圆孔的研磨板可以把比较硬的蔬菜水果擦成小细条，长条孔的研磨板可以把没经过蒸煮比较硬的蔬菜水果直接磨成泥。

研磨棒

研磨棒可以捣，可以压，可以磨，又实用又方便。

6. 食物料理机

把买回的无盐虾皮打成虾皮粉，把辅食添加初期不能吃的坚果打成粉加入到辅食中，搅肉泥做馅，都需要食物料理机。

辅食制作注意事项

1. 清洁

烹饪用具生熟分离，宝宝的最好单独一套，使用前要清洁干净，使用后也要及时清洗，用完注意干燥通风、定期消毒。

2. 选择优质原料

选择新鲜、优质、无添加剂的食材。

3. 单独制作

宝宝辅食添加初期，不管是从饮食种类还是食物状态来说，都和成人不同，一定要单独给宝宝制作，不能做得过多，从中盛出一点儿给宝宝。

4. 合适的烹饪方法

为保证食物的营养健康不流失，制作辅食方式最好选用蒸煮，忌煎炸。

5. 现做现吃

除了面食一次蒸出来，可部分冷冻保存，其他辅食，一定要现吃现做，这样才健康。

二、食材的选择

如何选择食材

制作辅食尽量选择自然、无添加剂的食材，不要觉得贵的就好，蔬菜、水果最好是相对便宜的当季产品，以自己制作为主，尽量不要购买添加剂、防腐剂多的成品。

时令果蔬		
春季	蔬菜：苔菜、西兰花、菜花、菠菜、小白菜、小油菜、芥蓝、空心菜、芦笋、莴苣、荠菜、蒜苗、蒜薹、西葫芦、香椿、卷心菜、西红柿、蘑菇、小葱	
	水果：草莓、香瓜、枇杷、桑葚、樱桃、甜瓜	
夏季	蔬菜：菜花、西红柿、生菜、黄瓜、苦瓜、茄子、蒜薹、土豆、丝瓜、芹菜、豆角、芸豆、青椒、小油菜、圆葱、大蒜	
	水果：西瓜、葡萄、桃子、油桃、李子、猕猴桃、火龙果、榴梿	
秋季	蔬菜：菜心、小白菜、生菜、芹菜、白萝卜、荷兰豆、冬瓜、韭菜、土豆、大豆、玉米、南瓜、圆葱、红薯	
	水果：苹果、梨、柿子、葡萄、石榴、橘子、山楂	
冬季	蔬菜：白菜、菠菜、胡萝卜、白萝卜、红薯	
	水果：橘子、苹果、梨	

粮油类的选购技巧

粮油类食品最好到有正规进货渠道的大商场、超市和粮油专卖店购买。买前要先看外包装是否标有生产厂家的厂名、厂址、生产日期、保质期和产品的生产标准。标志不齐全者要慎买。

名称	选购标准	说明
大米	优质大米色泽呈青白色或精白色，光泽油亮，呈半透明状。	一次购买数量不宜过多，春夏季买两周左右的用量，秋冬季可存放1个月左右。
面粉	看：看包装上厂名、生产日期、保质期、质量等级，面粉颜色。 闻：正常的面粉有麦香味。若有异味或霉味，则为添加过增白剂或超过保质期。	做面条、饺子等要用中高筋力、有一定的延展性、色泽好的面粉；做馒头，制作点心、饼干及烫面制品可选用筋力较低的面粉。
食用油	颜色浅、透明度高的油品质好。豆油呈深黄色，花生油呈淡黄色，香油为棕红色，菜籽油为棕褐色。	看商标处的生产期和保质期。食用油的保质期一般为1年，不要买过期的食用油。

小提示

大米巧防潮：用500克干海带与15千克大米共同储存，可以防潮，海带拿出仍可使用。

46

蔬菜类的选购技巧

名称	选购标准
芹菜	叶绿、梗嫩，轻轻一折即断。如不易折断、叶蔫，则不新鲜。
绿豆芽	好的豆芽色泽银白，饱满挺拔，折之断裂有声。如豆粒发蓝，根短或无根，若将一根豆芽折断，仔细观察，断面会有水分冒出，有的还残留有化肥的气味，这种豆芽是用化肥催熟的，对人体健康有害。
菜花	洁白、无黑斑，包叶暗绿并黏一层暗霜。
番茄	颜色呈红色，光亮，表面光滑，无斑点。
黄瓜	顶花带刺，色泽碧绿。
土豆	个大、圆滑、有光泽，表面没有伤痕和凸凹不平。发芽发青的土豆含有毒素，不能食用。
莲藕	质嫩，藕节粗长，表面光滑，没有伤痕，色泽亮白。
萝卜	饱满结实，色光亮。
蘑菇	新鲜蘑菇外表光滑，饱满干爽，无褐色斑痕。如用手摸，有发粘或发软的感觉，说明蘑菇已不新鲜了。也可用手轻轻挤一下蘑菇朵，如有水分溢出，说明卖主已在蘑菇中加水。

小提示

选购蔬菜首先要看蔬菜是否鲜嫩，其次要看蔬菜是否光亮，再次要看蔬菜水分是否充足，同时还要看蔬菜表面是否有破损。

水产类的选购技巧

名称	选购标准	说明
鱼类	体表清洁有光泽，黏液少，鳞片完整且紧贴鱼身，鳃呈鲜红色，鳃丝清晰，眼球饱满突出，肌肉坚实有弹性。	品质不佳的鱼鱼体有腥味，鱼鳞色泽灰暗、松动易掉，鱼眼浑浊，鱼身有黏液；鱼体有陈腐味或臭味，质量最差，不宜食用。
虾类	头尾完整，有一定弯度，腿须齐全，虾身较挺，皮壳发亮，呈青白色，肉质坚实。	不新鲜的虾头尾易脱落，皮壳发暗，虾体变红或灰紫色，肉质松软。
蟹类	蟹腿肉坚实肥壮，脐部饱满，行动灵活，瓷青壳，白腹、金毛者为上品。	不新鲜的蟹腿肉松空，瘦小，背壳呈暗红色，肉质松软，分量较轻。
甲鱼	背部呈青黑色，腹白。	死甲鱼因含有组胺，有毒性，不能食用。

小提示

识别灌水鱼：这种鱼一般肚子较大，如果将鱼提起，会发现鱼肛门下方两侧突出下垂，若用小手指插入肛门旋转两下，水会立即流出。

识别农药毒死的鱼：农药毒死的鱼，其胸鳍是张开的，并且很硬，嘴巴紧闭，不易拉开；鱼鳃的颜色是深红色或黑褐色；苍蝇很少去叮咬。这种鱼除腥味外，还有其他异味，如煤油味、氨水味、硫黄味、大蒜味等。

畜禽类（猪、牛、羊、鸡肉）的选购技巧

名称	选购标准
猪肉	新鲜的猪肉表面呈现淡玫瑰色，切面是红色，有光泽，肉质透明，不发黏，手指按上去有弹性，肉膘白，无异味。
生鸡	活鸡：鸡冠挺直鲜红，鸡毛整齐滑润，肛门清洁、干燥，呈现微红色，胃里没有沙石。 白条鸡（光鸡）：新鲜鸡表皮呈乳白色或奶油色，肌肉较有弹性，眼珠充满眼窝。 活着宰杀的鸡，切面一般不平整，周围组织被血液浸润，呈现红色；否则即为死杀。
牛肉	黄牛肉：呈大红色，肉纤维细嫩，脂肪呈黄色。 水牛肉：呈紫红色，肉纤维粗老，脂肪呈白色。 黄牛肉较水牛肉质嫩，味鲜，膻味小。
羊肉	山羊肉：色较淡，纤维粗老，皮下脂肪稀少，腹部脂肪多，肉质不如绵羊肥嫩。 绵羊肉：色暗红，纤维细嫩，皮下和肌肉稍有脂肪夹杂，肉质肥嫩。

小提示

在购买鲜肉时，用一张纸附在肉面上，用手轻拍数下，如渗出水，此肉为注水肉，应避免购买，正常的鲜肉无渗水。

蛋类的选购技巧

鸡蛋的鉴别有以下几种方法：

（1）摸：鲜蛋表面粗糙，手感发涩。

（2）看：新鲜鸡蛋表面有光泽，颜色鲜亮；质量差的蛋一般表面颜色发暗。

（3）闻：用鼻子闻一下，鲜蛋没有异味。

（4）照：把鸡蛋对着太阳或灯光照射，鲜蛋呈半透明，蛋黄轮廓清晰，无斑点；发暗或有污点的蛋不新鲜。

小提示

鲜蛋与姜葱不宜一起存放，因为蛋壳上有许多小气孔，生姜、洋葱的强烈气味会钻入气孔内，加速鲜蛋的变质，时间稍长，蛋就会发臭。鲜蛋的保存期最好不超过10天。

第三章

分月龄辅食添加食谱

一、6个月，尝试新味道

本阶段宝宝特点

　　民间有说法"三翻六坐八爬"，其中"六坐"就是指6个月的宝宝会独坐了。独坐的时候，手空出来，就可以自由活动，能把身边的东西拿起来。这在手眼协调能力方面是非常大的进步，家长们应抓好这个机会，让宝宝多锻炼。从辅食添加的初期开始，就可以让宝宝在吃辅食的时候，尝试着自己抓握软勺。

　　这个月龄的宝宝，有的一天睡14～16个小时，有的睡12个小时，这只是个体差异，只要宝宝精神好，生长发育正常就可以。宝宝们一般白天睡两次觉，上午一次，下午一次。如果晚上临睡前喝上180毫升左右的奶，可能会一觉睡到天亮。一般情况下，可以早、中、晚各喝一次奶，在上午睡前添加一次辅食，下午睡觉起来后再添加一次辅食。当然，这只是根据多数宝宝的生活习惯而给出的建议，不同的宝宝有自身的特点，家长一定要根据宝宝实际的身体状况和作息习惯灵活掌握。

本阶段宝宝喂养注意事项

1. 摆正主食与辅食的关系，不要本末倒置

　　这个月龄的宝宝，主食还是奶，辅食只是补充部分营养素的不足。含有蛋白质、维生素、铁剂和矿物质营养素的食品，像新鲜的蔬菜、水

果是首选，其次才是碳水化合物类食物。妈妈们千万不能用喝了多少粥、吃了多少米粉作为宝宝吃得好不好的标准。奶与米面相比，营养成分要高得多，更符合宝宝这个时期的营养需求。如果为了吃小半碗粥而少喝了一大瓶奶，是得不偿失的。

2. 不要贪多

刚刚开始添加辅食不要贪多。大人做辅食总是做少了觉得做不着，做多了就又想让宝宝吃完，这样很容易撑着宝宝。一定要记住，对这个阶段的宝宝，"大人的一口就是宝宝一餐的量"。

3. 循序渐进，出现异常及时停喂

刚开始添加新食物，一定要只选择一种添加，一种有2～3天的适应期，循序渐进地给宝宝尝试，等宝宝肠胃适应后，再添加新的食物。这期间一定要注意观察宝宝的大便。

添加辅食时，如果宝宝出现异常，如呕吐、腹泻、出疹子、拒食等，要及时停喂这种食物。

4. 从米开始

在过去，宝宝添加辅食总是从蛋黄开始，但是现在专家不建议从蛋黄开始添加，而是从米粉开始。正常的宝宝可在6个月以上适量添加蛋黄，但对从小爱长湿疹、过敏体质或对奶蛋白过敏的宝宝，必须在8个月以上添加蛋黄，这样可以减少过敏发生的可能性。

5. 警惕皮肤黄染

南瓜、胡萝卜、橙子、木瓜是非常有营养的食物，但这些食物容易造成皮肤黄染，须要控制进食频率，建议给宝宝选择食物时尽量多样化。

6. 灵活掌握喂辅食次数

对这个月的宝宝喂辅食的次数，没有硬性规定，一定要灵活掌握。一般一天喂两次辅食。但如果宝宝因为吃辅食一天只吃一两次奶了，晚上也不吃奶了，建议改为一天喂一次辅食。

7. 清淡无油，味轻软烂

这个月龄宝宝的辅食，不要放油盐和其他调味料，食物要煮得烂一些。一定要遵循清淡无油、味轻软烂的原则。不要把辅食的味道弄得"特别好"，以免出现厌奶的现象。

这个月龄的宝宝不能直接加小米油或者大米油。

8. 奶瓶≠碗勺

不要把喝的都装在奶瓶里让宝宝进食。奶瓶喂养是通过吸吮而吞咽的过程，碗勺喂养是通过卷舌，培养训练咀嚼意识，然后吞咽的过程。这一过程可以锻炼宝宝面部肌肉，增强咀嚼能力。用碗勺的目的不仅在于进食方便，更主要的是为了促进宝宝的行为发育。

专家点评

6个月至1岁的宝宝，蛋白质每日推荐量是20克，能量80千卡／千克，还是以母乳或配方奶为主，不宜过早添加蛋白粉、肉及鱼虾等蛋白质含量特别高的食物，辅食添加应先从米粉开始。诸多研究表明，婴儿期盲目让宝宝过度摄入蛋白质可能导致成年后肥胖、高血压、高血脂等慢性疾病的发生。

6个月宝宝食谱

调制米粉

米粉是辅食添加初期最适合宝宝的食物。一是米粉里蛋白质、维生素以及钙、铁、锌、硒等宝宝所需的营养元素比较丰富均衡，尤其是铁的含量高，能促进造血功能。二是米粉细腻，更易于宝宝稚嫩的肠胃适应和吸收。刚刚开始添加辅食，一定要选用纯米粉。

食材

米粉，水。

* 扫图片，看视频，学做宝宝营养餐

做法

1. 取一勺米粉加入碗中。（米粉盒上有调制配比表）

2. 兑入50℃～60℃的温开水3～4勺。

3. 用勺或筷子按照顺时针方向调成糊状。

大姐小窍门

1. 选购米粉时，一定要通过正规渠道购买正规厂家生产的产品，不含有食盐、糖、防腐剂等。米粉和奶粉一样也分阶段，购买时一定要看清楚是不是适合宝宝月龄的米粉。

2. 对于刚开始接受辅食的婴儿，一定要选用纯米粉。初期调制也最好先用温水调制米粉，这样利于宝宝对米粉原味的接受。等到宝宝完全能够接受米粉后，才考虑将其他食物与米粉混合，如菜泥等。

3. 用奶粉或米汁冲调的米粉浓度太高，浓缩的营养物会增加宝宝胃肠代谢负担，易导致接受不良，不利吸收。更不能用果汁冲调米粉，果汁的酸、甜味不是孩子今后主食的味道。

4. 要用50℃～60℃的水调制，调制均匀后一般在45℃左右。水温太高会造成营养流失，若水温太低，米粉容易结块，宝宝吃了容易消化不良。

小油菜泥

油菜没有特别的异味，含铁和钙的量都比较高，在辅食添加的初期，宝宝更容易接受这种味道。一般在开始添加菜泥时，首选小油菜泥。

食材

小油菜50克。

做法

1. 小油菜洗净，去茎，切碎。
2. 放入蒸锅,中火蒸15分钟,至油菜软烂。
3. 将蒸好的菜叶放在带毛刺的料理碗里。
4. 用小勺或者小木槌捣烂，挤压，做出菜泥。

大姐小窍门

1. 处理小油菜时，去掉茎，只留嫩叶使用。
2. 捣泥的时候，边捣边取出油菜里面的筋。

西兰花泥

西兰花中矿物质成分比其他蔬菜更全面，富含钙、磷、铁、钾、锌，比同属十字花科的菜花高很多，维生素C的含量也高出菜花20%左右。

食 材

西兰花 50克。

做 法

1. 西兰花洗净，去茎。

2. 放入沸水中中火煮5分钟。

3. 捞出煮烂的西兰花，在砧板上剁碎。

4. 将剁碎的西兰花末放在带刺的料理碗里抿成菜泥。

大姐小窍门

1. 如果没有料理碗，也可放入蒜窝，像捣蒜泥一样捣成泥。

2. 西兰花也可以先剁碎入盘，放入蒸笼蒸熟。

胡萝卜泥

胡萝卜经过翻炒后非常香，很多宝宝喜欢这个味道。而且胡萝卜含有丰富的胡萝卜素和维生素A，对小儿营养不良、麻疹、夜盲症、便秘、胃肠不适等都有一定的缓解作用。

食材

胡萝卜半根，油少许。

做法

1. 胡萝卜洗净，去皮，去掉中间的淡黄色硬芯。

2. 胡萝卜切丝，锅内放少许油，油热后放入胡萝卜丝，翻炒几秒。

3. 将炒过的胡萝卜丝放入小碗内，上锅蒸10分钟。

4. 将蒸好的胡萝卜丝捣成泥。

大姐小窍门

1. 由于胡萝卜素和番茄红素在油脂参与下才能很好地被人体吸收，因此做胡萝卜、西红柿时用少许油爆炒几秒后再入锅蒸熟，弄成泥喂宝宝，才更有利于营养的吸收。

2. 即便宝宝非常喜欢吃胡萝卜泥，也不要连续给宝宝食用。连续食用胡萝卜，易导致宝宝脸色发黄。

香甜南瓜泥

南瓜泥制作非常简单方便，尤其是职场妈妈，有时候时间紧张，蒸上南瓜后该做啥做啥，一点都不耽误事；蒸好的南瓜已经很烂，直接抿成泥喂宝宝就可以了，真是最省时省力的一道美食。南瓜本身带有一丝甜味，宝宝们都非常喜欢。而且南瓜营养丰富，有利于提高宝宝免疫力。

食材

南瓜50克。

做法

1. 南瓜洗净，去子去瓤，切成块。

2. 放入蒸锅，蒸15分钟，至熟透。

3. 南瓜蒸熟后，用小勺直接将南瓜肉挖下来，用勺压成南瓜泥即可。

大姐小窍门

1. 选择南瓜时，最好选小面南瓜，也可选皮颜色很黄、瓤颜色较深的大南瓜。这样的南瓜熟得很好了，又面又甜，非常适合做南瓜泥。

2. 蒸南瓜时，一定要带皮蒸，这样蒸出来的南瓜的甜味不流失，也不会水囊囊的。

3. 蒸南瓜时，小盘中会留有少量南瓜汁，不要倒掉，留下来给宝宝喝也非常不错。

4. 南瓜泥可以直接食用，也可以加入米糊或米粉中喂给宝宝。

＊扫图片，看视频，学做宝宝营养餐

苹果泥

苹果看上去很普通，但它的功效却不可小觑，民间有说法："一天一苹果，疾病不找我。"苹果含有丰富的蛋白质、脂肪、碳水化合物、维生素C、维生素B_1、维生素B_2、钾、钙、铁、磷，还有鞣酸等有机酸以及果酸、纤维素等，可以预防坏血病，保护皮肤黏膜，调理肠胃，促进生长。

大姐小窍门

1. 最好选用肉质软面的苹果，好刮泥，而且刮出的泥较细，不容易出大块。

2. 苹果也可以先蒸好再抿成泥吃。蒸熟的苹果对治疗腹泻有帮助，生吃苹果对便秘有一定疗效。

食材

红苹果半个。

做法

1. 红苹果洗净，用开水烫一下。

2. 将苹果切成两半，去核。

3. 用不锈钢小勺在苹果切面上将果肉刮成泥状即可。

鳄梨泥

鳄梨，又叫牛油果。熟透的鳄梨，肉质细腻得像奶油和乳酪一样，还有点核桃的香味，非常好吃。鳄梨的果肉脂肪含量高，被称为"树木黄油"，鳄梨还有高蛋白、高能量、低糖分的特点，又有"粮食水果"的美誉。鳄梨的营养价值非常高，含有多种维生素、丰富的脂肪酸和多种矿物质元素，其中所含大量的酶，有健胃清肠的作用，对于防治贫血也具重要价值。

食材

鳄梨半个。

做法

1. 将鳄梨洗净，用刀对半切开，去核。
2. 用小勺将鳄梨肉挖出。
3. 加适量的水（或者奶），抿成泥状。

大姐小窍门

1. 牛油果要选黑黑的，表皮光亮，按上去软软的有弹性的。这样的牛油果熟的程度恰到好处，肉软。

2. 稍大一点的宝宝，可以直接吃鳄梨泥，也可以拌在米粉、米粥里一起吃。

3. 给8个月以下的宝宝吃鳄梨时，鳄梨一定要做成泥状，直接食用不利于宝宝消化。

小米浓汁

民间有个说法：小米养人。小米浓汁属温热性，很养胃。它是所有粮食中维生素B_1含量最高的，含铁量也很高，具有补血、健脑、养胃消食的作用。宝宝腹泻或厌奶的时候，可以喝一些。浓浓的米汁，又香又滑，宝宝们会喝得非常开心。

食材

小米 30 克。

做法

1. 小米淘洗干净备用。
2. 锅内烧开水，水开后，将小米倒入锅中。
3. 大火烧开后，调为小火，盖严盖儿熬制30分钟。
4. 待小米煮烂，汤汁不再是清水而是变得黏稠之后，关火。
5. 用小勺撇上层米汁盛入碗中。

大姐小窍门

1. 熬的时候，把火调到米汁不会沸出，盖严锅盖，这样熬出来的米汁更浓稠。

2. 粥熬好后，舀到小碗里，不要立即去喝。可以用两个小碗，一个碗盛米汁，另外一个碗备用，每次喂时，从盛米汁的碗里舀出两勺，放到备用碗里，这样备用碗里的米汁凉得快，不至于烫嘴。而在天冷的时候，盛米汁的碗里的米汁也不会太快凉掉。这个小窍门，也适用于给宝宝喂食其他热饭。

红豆水

六个月以上的宝宝容易贫血，除红枣粥外，可每周喝两次红豆水，红豆还有利尿的作用。

食材

红豆30克。

做法

1. 红豆淘洗干净备用。
2. 红豆放入水中，大火煮5分钟，转中火继续煮20分钟。

大姐小窍门

红豆水可以倒入奶瓶给宝宝喝，倒之前，要用钢丝网筛过滤一遍，去掉杂质和沫，这样就不会堵塞奶嘴的孔。

6个月宝宝一周食谱参考表

由于本阶段的宝宝正处于刚开始添加辅食的适应期，每次尝试新食物需要2～3天的适应期，故在此提供四周的食谱列表供参考。

第一周

星期	6：00	9：00 ～10：00	11：00	15：00 ～16：00	17：00	21：00
一	母乳或配方奶	米粉	母乳或配方奶	油菜泥	母乳或配方奶	母乳或配方奶
二	母乳或配方奶	米粉	母乳或配方奶	油菜泥	母乳或配方奶	母乳或配方奶
三	母乳或配方奶	米粉	母乳或配方奶	油菜泥	母乳或配方奶	母乳或配方奶
四	母乳或配方奶	米粉	母乳或配方奶	苹果泥	母乳或配方奶	母乳或配方奶
五	母乳或配方奶	米粉	母乳或配方奶	苹果泥	母乳或配方奶	母乳或配方奶
六	母乳或配方奶	米粉	母乳或配方奶	苹果泥	母乳或配方奶	母乳或配方奶
日	母乳或配方奶	蛋黄1/4	母乳或配方奶	西兰花泥	母乳或配方奶	母乳或配方奶

第二周

星期	6：00	9：00 ～10：00	11：00	15：00 ～16：00	17：00	21：00
一	母乳或配方奶	蛋黄1/4	母乳或配方奶	西兰花泥	母乳或配方奶	母乳或配方奶
二	母乳或配方奶	蛋黄1/4	母乳或配方奶	西兰花泥	母乳或配方奶	母乳或配方奶
三	母乳或配方奶	米粉+ 红豆水	母乳或配方奶	南瓜泥	母乳或配方奶	母乳或配方奶
四	母乳或配方奶	米粉+ 米汁	母乳或配方奶	南瓜泥	母乳或配方奶	母乳或配方奶
五	母乳或配方奶	蛋黄1/3	母乳或配方奶	香蕉泥	母乳或配方奶	母乳或配方奶
六	母乳或配方奶	蛋黄1/4+ 红豆水	母乳或配方奶	香蕉泥	母乳或配方奶	母乳或配方奶
日	母乳或配方奶	米粉+ 米汁	母乳或配方奶	菠菜泥	母乳或配方奶	母乳或配方奶

第三周

星期	6：00	9：00~10：00	11：00	15：00~16：00	17：00	21：00
一	母乳或配方奶	米粉+米汁	母乳或配方奶	菠菜泥	母乳或配方奶	母乳或配方奶
二	母乳或配方奶	蛋黄1/2+红豆水	母乳或配方奶	生苹果泥	母乳或配方奶	母乳或配方奶
三	母乳或配方奶	蛋黄1/2+米汁	母乳或配方奶	生苹果泥	母乳或配方奶	母乳或配方奶
四	母乳或配方奶	米粉+南瓜泥	母乳或配方奶	木瓜泥	母乳或配方奶	母乳或配方奶
五	母乳或配方奶	米粉+菠菜泥	母乳或配方奶	木瓜泥	母乳或配方奶	母乳或配方奶
六	母乳或配方奶	蛋黄1/2+米汁	母乳或配方奶	土豆泥	母乳或配方奶	母乳或配方奶
日	母乳或配方奶	蛋黄1/2+香蕉泥	母乳或配方奶	土豆泥	母乳或配方奶	母乳或配方奶

第四周

星期	6：00	9：00~10：00	11：00	15：00~16：00	17：00	21：00
一	母乳或配方奶	米粉+油菜泥	母乳或配方奶	鳄梨泥	母乳或配方奶	母乳或配方奶
二	母乳或配方奶	米粉+西兰花泥	母乳或配方奶	鳄梨泥	母乳或配方奶	母乳或配方奶
三	母乳或配方奶	蛋黄1/2+小白菜泥	母乳或配方奶	苹果泥	母乳或配方奶	母乳或配方奶
四	母乳或配方奶	蛋黄1/2+小白菜泥	母乳或配方奶	苹果泥	母乳或配方奶	母乳或配方奶
五	母乳或配方奶	米粉+油菜泥	母乳或配方奶	山药泥	母乳或配方奶	母乳或配方奶
六	母乳或配方奶	米粉+香蕉泥	母乳或配方奶	西兰花泥	母乳或配方奶	母乳或配方奶
日	母乳或配方奶	蛋黄1/2+苹果泥	母乳或配方奶	土豆泥	母乳或配方奶	母乳或配方奶

二、7个月，可以吃点儿粗粮了

上个月坐得还不是很稳当的宝宝，这个月已经能坐稳了，宝宝的手眼协调更灵活，能把物体从一只手倒到另一只手，或者拿起来再放下去。对语言的理解力、直观思维能力也都增强了。看到妈妈拿着奶瓶过来就知道要喝奶了，坐到餐桌前就知道要吃饭了。

妈妈千万不要觉得宝宝太小还听不懂大人说话，在给宝宝喂辅食时，要注意多和宝宝交流。比方说："宝宝，我们今天吃的是番茄蛋黄面，红色的就是番茄，黄色的是蛋黄。""宝宝吃饭最棒！吃完妈妈带你出去玩。"虽然宝宝还不会表达，但是他能感受到妈妈对自己的肯定和鼓励，这会增加宝宝对食物的兴趣和吃饭的欲望。

大多数宝宝在这个月里一天能睡12～13个小时，晚上八九点钟睡觉，睡到第二天早上六七点钟。白天一般也是两觉，上午9点半一觉，下午两点多一觉，一觉一两个小时。家长们可以根据宝宝的睡眠时长来安排宝宝的饮食时间，虽然每个宝宝有个体差异，但要让宝宝的作息和饮食形成规律。

本阶段宝宝喂养注意事项

（1）辅食所需要的食材不再像上个月时那么单一，应适当增加辅食的种类。

（2）很多宝宝辅食量增加了，奶量开始减少。但一天奶量不能少于600毫升。吃母乳的宝宝，一天不能少于3次。

（3）在饮食安排上，可以早、中、晚各喂一次奶，在上午和下午各加一次辅食，还可以临时调配点儿果汁。但注意两次喂辅食要间隔4小时以上，两次吃奶的间隔也不要少于4个小时。奶和辅食之间不要短于2小时，自制点心、水果和奶或者辅食之间间隔，要在1个小时以上，最好饭后1小时吃水果。

（4）这个阶段宝宝对铁的需求量大增，半岁前每天需要铁0.3毫克，但从这个月起，每天需要铁10毫克，增加了30多倍，所以这个月要增加含铁食物的摄入。瘦肉、动物肝脏、菠菜、蛋黄、黑木耳、芝麻酱、蘑菇、红枣等都是含铁量比较丰富的食物。

（5）上个月因为特殊原因没有添加辅食的宝宝，这个月刚开始添加，要依照6个月宝宝刚开始添加时的原则添加辅食。

（6）很多妈妈喜欢在做辅食的时候，加上酱油、香油、肉汤等，认为这样会更有滋味，宝宝爱吃。其实不然，若想让宝宝将来喜欢吃饭，现在就让宝宝多品尝食物原本的味道，熟悉、适应、接纳了，宝宝吃饭才会觉得更香。而且酱油、肉汤里都有盐，摄入盐分过量，会加重宝宝肾脏负担。

（7）俗话说"精粮养不出壮儿"，宝宝七个月就可以吃一点儿粗粮了，在硬度上，也可以吃点儿固体食物。爸爸、妈妈总担心宝宝还没长牙，不能吃固体食物。事实上，宝宝的牙床也可以进行咀嚼，还能很好地吞咽。适量地吃一点儿固体食物，对宝宝牙齿的萌发也非常有帮助。

（8）每个宝宝的情况不一样，不要和别的宝宝比。有宝宝的家长们凑在一起，总是喜欢探讨自家宝宝吃的什么，吃了多少，睡多长时间。别的宝宝吃的食物，自家宝宝还没能吃，就觉得自己喂养得不好，想着给宝宝加这加那，其实这样反而对宝宝不利。应该根据宝宝自身的情况和规律，调节饮食。

（9）当宝宝推开饭勺，或者把头扭到一侧，甚至把吃进去的饭又吐出来时，说明宝宝已经吃饱了，妈妈就不要再追着喂宝宝，否则会让宝宝反感。如果等宝宝哭了，妈妈才不喂了，就会暗示给宝宝：只有我哭妈妈才知道我不想吃了。这样非常不好。

专家点评

对于婴幼儿，中国营养学会现在还没有膳食纤维推荐值。宝宝不宜吃过多的粗粮，因不溶性膳食纤维在一定程度上会阻碍肠道内部分矿物质，特别是钙、铁、锌等元素的吸收。宝宝的消化功能尚未完善，消化大量的膳食纤维对于胃肠是很大的负担，而且营养素的吸收和利用率比较低，不利于宝宝的生长发育。

7个月宝宝食谱

蛋黄菠菜泥

绿色的菠菜，映着金黄的蛋黄，色彩诱人，很容易提起宝宝对这道菜的兴趣。菠菜含铁、胡萝卜素、维生素B族、叶酸都非常丰富，益肺胃，有生津润肠之功效。核桃油有健脑益智的作用，菜做好后滴上几滴，不仅对发育有益，还特别适合宝宝娇嫩的肠胃。

食 材

鸡蛋1个，菠菜30克，核桃油少许。

做 法

1. 将菠菜在热水中焯熟。
2. 将焯好的菠菜剁成泥。
3. 将鸡蛋煮熟，取出1/2个蛋黄，加入菠菜泥混合，滴入几滴核桃油。

大姐小窍门

1. 菠菜中含有草酸，它会和食物中的钙结合形成草酸钙，影响宝宝对食物中钙的吸收。因此，菠菜在食用前，必须要在热水中焯一下，将大部分草酸去掉再烹饪。

2. 给7~8个月的宝宝做这道菜时，蛋黄的添加量为1/2个。8个月以上加至1个蛋黄。

3. 核桃油不适合高温，所以要在菜做好后再加入，或者凉拌时使用。有便秘的宝宝还可以将核桃油加温水冲服。

鸡肝茄泥

肝类的补铁效果非常好，这个月开始可以给宝宝加肝类了。鸡肝是我们平时吃的肝类里较嫩的，所以建议先从鸡肝吃起。

食材

鸡肝半个，茄子2片，核桃油或黑麻油少许。

＊扫图片，看视频，学做宝宝营养餐

做法

1. 取新鲜的鸡肝半个，冲洗干净备用。
2. 将鸡肝切片，用开水焯一下。
3. 将茄子洗净，去皮，切丝备用。

4. 将鸡肝放入盘中，入锅大火蒸3分钟，关火后再焖2分钟。

5. 将茄子丝放入盘中，入锅大火蒸10分钟。

6. 将蒸好的鸡肝放入蒜窝中捣成泥，茄子捣成泥。

7. 将两种泥混合在一起后，放入1～2勺米汁混合，滴入几滴核桃油或黑麻油。

大姐小窍门

1. 因为食用肝的量比较少，用蒜窝捣泥比较方便，也容易去除杂质。
2. 在捣泥的过程中，一边捣一边往外挑鸡肝中的血管和筋。
3. 最好和含淀粉类的汤汁，例如米汁等，混合成泥才细滑，口感好。
4. 一定要选择嫩茄子，老茄子里面有籽，不适合宝宝吃。

鱼泥西兰花

这是一道又鲜美又有营养的菜。西兰花是营养非常丰富的蔬菜，可促进牙齿及骨骼正常发育，保护视力，提高记忆力。西兰花的维生素C含量也非常高，能提高免疫力，预防感冒。

食材

海鱼30克，西兰花50克。

做法

1. 将鱼洗净，挑刺备用。

2. 锅内放少量水，开锅后放入鱼，小火蒸8分钟。出锅后用勺抿成泥。

3. 将洗净的西兰花，去茎留花瓣，在热水中焯一下。

4. 将西兰花蒸熟，磨成泥，与鱼泥混合。

5. 混合时，加入少量鱼汤搅拌。

大姐小窍门

1. 鱼蒸好后，盘内留有的少许鱼汤，不要倒掉，可用来调和鱼泥西兰花。

2. 西兰花去茎，只留花瓣食用，茎太硬不易蒸烂。另外花瓣的叶绿素含量较高，对宝宝更有益。

鱼泥青菜面片

食材

小白菜叶 20克, 鱼肉20克, 面片10克。

做法

1. 将小白菜洗净, 放入开水锅中煮2分钟左右捞出。

2. 将煮好的小白菜剁碎。

3. 鱼去皮, 刺挑干净。

4. 将处理过的鱼放在蒸锅上蒸熟, 用小勺压成泥。

* 扫图片, 看视频, 学做宝宝营养餐

5. 在锅中放入水, 开锅后加入面片, 快出锅时, 加入之前做好的小白菜泥和鱼泥。

6. 出锅盛到碗里, 用勺将面片捣碎。

大姐小窍门

1. 如果面片过大, 下锅前掰碎。

2. 应选用刺少肉嫩的鱼, 如鳕鱼、鲳鱼等。

番茄蛋黄面条

番茄煸锅后，即有番茄的酸甜，又不失菜的浓香，黏稠的番茄汁和面条特别对路，大人孩子都喜欢吃。番茄煸炒后，所含的番茄红素更利于人体吸收。

食材

西红柿半个，蛋黄半个，儿童面条一小把，油少许。

做法

1. 将鸡蛋煮熟，取蛋黄半个备用。
2. 将西红柿洗净，用热水烫一下，去皮，切小块。
3. 锅内放少许油，油热后，放入西红柿，煸成糊状。
4. 加入开水继续煮沸后，放入面条，煮5分钟左右至熟。
5. 煮熟后盛碗，加入蛋黄，用勺碾碎即可。

大姐小窍门

1. 若西红柿熟得较透，可以不用热水烫，直接用小勺把皮刮一遍，皮就容易剥下来了。
2. 下锅前把面条掰碎。
3. 番茄煸炒时，应多炒一会儿，用锅铲压一压，尽量炒成浆状，这样一是好吸收，二是和面条混合后更入味。

磨牙面包干

宝宝长到7个月时，要开始长牙了。这时宝宝的牙龈会发痒不舒服，而且需要稍硬的东西来刺激牙床，让牙齿更好更快地萌发。在这时就需要给宝宝准备一些可以磨牙的小零食，比如磨牙棒。但市面上的磨牙棒略贵，还不如自己做的新鲜又健康。于是，我们就自制了这款磨牙小面包，现吃现做又很香，宝宝拿在手里还可以练习抓握，大人孩子都非常喜欢。

食材

新鲜面包片2片，鸡蛋2个。

做法

1. 打开鸡蛋，滤除蛋清。
2. 将留下的鸡蛋黄打散。
3. 将面包片切成条状，蘸上蛋液。
4. 把裹了蛋液的面包条放入烤箱内烤制。

大姐小窍门

1. 由于一岁以下的宝宝容易对蛋清过敏，所以在给一岁前宝宝做这道小点心时，只用蛋黄。

2. 生鸡蛋取蛋黄有妙招，如果家里没有蛋清分离器，可以将鸡蛋打到碗里，再用一个干净的空矿泉水瓶瓶口朝下对着蛋黄一吸，就吸到瓶子里了。

鲜玉米糊

玉米属于粗粮，是这个月需要开始添加粗粮的宝宝的最佳选择，而且玉米健体益智，俗称人体"脑黄金"。

食 材

鲜玉米半个。

做 法

1. 用刀将玉米粒削下来（或用擦子）。
2. 将玉米粒放入料理机，搅拌成浆。
3. 用漏布或纱布将玉米汁过滤出来。
4. 兑1倍的水，入锅煮成黏稠状即可。

大姐小窍门

1. 将玉米粒削下来后，放到小盆里，加入清水，玉米须或者皮等杂质就浮起来了，倒掉即可。

2. 开锅后，小火边煮边用勺搅拌，以免粘锅。

*扫图片，看视频，学做宝宝营养餐

玉米面芋头粥

这个粥的特点是既有粗粮，又有粥，还有主食。芋头口感细软，绵甜香糯，具有益胃、宽肠、通便、解毒的功效。

食材

玉米面20克，小芋头1个。

做法

1. 将芋头去皮，洗净，切成丁备用。

2. 锅内倒入水，放入芋头，大火煮开至芋头熟。

3. 玉米面加水拌匀成糊，倒入锅内，大火煮沸，改用小火煮成浓稠状即可。

大姐小窍门

1. 玉米糊倒入锅内时，要一边倒，一边用勺子搅拌，使玉米糊均匀化开，避免结成面疙瘩。

2. 小火熬制时，要常常搅拌锅底，避免粘锅。

双米胡萝卜粥

7个月后，宝宝吃的饭从单一到多样了。凉性的大米和温性的小米，中和在一起，对宝宝肠胃非常有好处。米的黏香，再加上胡萝卜的甜香，使刚开始尝试多样化食物的宝宝爱上这道粥。

食材

大米20克，小米20克，胡萝卜半根。

做法

1. 将大米、小米淘洗干净。
2. 胡萝卜洗净，去皮，切成小丁。
3. 锅内加水烧开，放入大米、小米、胡萝卜丁。
4. 大火开锅后，转小火熬至米黏稠、胡萝卜软烂即可。

大姐小窍门

1. 做好的双米胡萝卜粥，在给宝宝喂食时，要用勺子把胡萝卜和米抿一下，成泥后再喂。
2. 水开后放米，熬出来的米粥会更加黏稠。

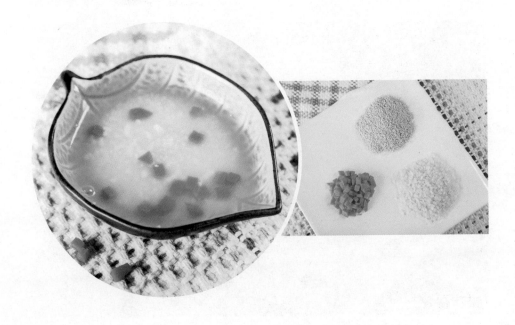

7个月宝宝一周食谱参考表

星期	6:00	9:00	12:00	15:00	18:00	21:00
一	母乳或配方奶	米粉苹果泥	母乳或配方奶	双米胡萝卜粥	母乳或配方奶	母乳或配方奶
二	母乳或配方奶	土豆萝卜泥	母乳或配方奶	鸡肝茄泥+红豆水	母乳或配方奶	母乳或配方奶
三	母乳或配方奶	西兰花泥+山楂水	母乳或配方奶	玉米面芋头粥	母乳或配方奶	母乳或配方奶
四	母乳或配方奶	米粉南瓜泥	母乳或配方奶	蛋黄菠菜泥	母乳或配方奶	母乳或配方奶
五	母乳或配方奶	香蕉泥+红豆水	母乳或配方奶	鱼泥西兰花	母乳或配方奶	母乳或配方奶
六	母乳或配方奶	小白菜泥	母乳或配方奶	鲜玉米糊	母乳或配方奶	母乳或配方奶
日	母乳或配方奶	米粉油菜泥	母乳或配方奶	番茄蛋黄面	母乳或配方奶	母乳或配方奶

三、8个月，颗粒粗点儿也不怕

本阶段宝宝特点

这个月的宝宝运动能力更强了，有些宝宝特别爱动，醒着的时候一会儿也不闲着。随着年龄和运动量的增加，宝宝吃得也更多，更丰富了。宝宝大便也随着发生变化，颜色变深，味变臭。有的食量大的宝宝有了小胖墩的雏形了，这时候一定要注意控制食量，不要让宝宝吃得太多长太胖，即便是宝宝爱吃的，也要控制好量，预防积食。

有的宝宝能发出"爸""妈"这样的单音节词了，这时大人给孩子说话时最好让宝宝看到大人的口形，对宝宝来说这样更容易模仿和学习。给宝宝喂饭时，面对面给宝宝说话，是个很好的交流锻炼机会。

本阶段宝宝喂养注意事项

（1）这个月宝宝配方奶的每日摄入量仍然不少于600毫升，也最好不要多于800毫升。虽然宝宝的食量有个体差异，但对大部分宝宝来说600毫升最合适。

（2）配方奶可以一天三次，一次200毫升。上午9～10点左右吃顿辅食，下午3～4点左右吃一次辅食，一天两次。当然这只是建议，家长们要根据自家宝宝的实际情况，灵活掌握宝宝的饮食量和进食时间。

（3）这个月宝宝可以加点儿自制小点心了，就是辅食以外的水果、面包条、饼干、小蛋糕等。可以在上下午穿插着吃一次。

（4）辅食的种类可以多种多样了，主食有：小馒头、小馄饨、面条、面包、无糖蛋糕。副食有：各种蔬菜、各种蒸蛋、肝类、鱼、虾、鸡肉、猪里脊肉，肉制品都要剁成肉末或者肉泥。

（5）很多家长为了图省事，就把菜搅和到粥里一起喂，这样并不合理。应该尽量分开喂，让宝宝能品尝、分辨不同食物的味道。

（6）不要为制作和喂辅食耗用大量的时间。毕竟只是辅食，宝宝的户外活动相比之下更加重要。如果一顿辅食要做一个多小时，吃一个多小时，耗费时间太多。这个月龄的宝宝，即便减少一次辅食，也是可以用配方奶补充的。

（7）可以让宝宝和大人一起吃饭，家人围坐餐桌前，不但会增加宝宝吃饭的欲望，也节省家长的时间。

（8）8个月的宝宝小手已经很灵活了，注意不要让宝宝拿着筷子和硬勺玩耍，会有戳到眼睛或喉咙的危险。

专家点评

宝宝6~12个月，每天钙的适宜摄入量是250毫克，维生素D10微克，婴儿出生后数日就应开始每日补充维生素D10微克（400国际单位）。如母乳充足，能够正常添加辅食，一般不需额外补钙。

菠菜肉泥

菠菜对宝宝的大脑有好处，瘦肉可预防贫血。做这道菜的时候，我习惯把做好的菠菜肉泥团成小小的丸子，泛着绿色的小丸子非常诱人，宝宝也可以自己用手捏着吃。

食材

菠菜50克，嫩里脊肉30克，麻油微量。

做法

1. 菠菜洗净，去蒂去老叶。入热水焯一下。

2. 焯好的菠菜切碎，再用木槌捣成泥。

3. 嫩里脊剁碎，边加温水边剁成肉泥，将肉泥上锅蒸熟。

4. 将肉泥和菠菜泥混合在一起，滴两滴麻油，用小勺团成小丸子。

大姐小窍门

1. 菠菜焯的时候，需要比平时焯菠菜时间略长，将菠菜焯熟。

2. 将里脊肉表皮的白筋去干净。

3. 在剁肉之前，用刀背将里脊肉拍一拍，这样肉的纤维更松散，剁出来的肉馅更细腻、软烂。

羊肝胡萝卜泥

我对阳阳吃肝泥的情景印象最深，刚开始喂给他第一口时，可能是对羊肝的粉末不是很适应，宝宝皱着眉头品了品。然后我就对他说"羊肝最有营养了，宝宝吃得真好！"也许是受到了鼓励，阳阳开始第二口、第三口，一口接着一口地吃，吃得很满足。

食材

羊肝30克，胡萝卜一小段，黑麻油少许。

做法

1. 羊肝洗净，用热水焯一下。切成薄片，入锅蒸5分钟。

2. 将蒸好的羊肝放入带刺的料理碗，用小木槌捣碎，边捣边去掉白筋和血管。

3. 胡萝卜洗净，去皮，擦成丝，上锅蒸10分钟，出锅后捣成泥。

4. 将胡萝卜盛入碗中，上面撒上羊肝末，滴上两滴黑麻油，拌匀即可食用。

大姐小窍门

1. 选择羊肝时应选新鲜的，新鲜的羊肝煮过之后并不像羊肉一样有股膻味，而是散发着清香。

2. 焯羊肝时，把羊肝放在漏勺里，过热水一焯即可，不要直接倒在锅里煮，避免煮得太过，不易捞出。羊肝煮得时间太长，肉质太硬。

3. 黏滑的胡萝卜泥，包裹着干涩的羊肝颗粒，易于宝宝吞咽。

鸡肉土豆泥

宝宝第一次吃鸡肉，一定要少量，要有个适应过程。大部分宝宝喜欢吃鸡肉，会比平时吃得多，所以第一次吃，要少做点，宝宝的肠胃消化功能还不很成熟，消化不良容易积食。鸡肉的汤汁和土豆泥特别搭配，土豆泥吸油，鸡肉的鲜香很容易入味。

 食材

鸡脯肉50克，土豆100克。

食材

1. 土豆洗净，去皮，切成丁，上锅蒸20分钟蒸透。

2. 将蒸好的土豆丁用小木槌捣成泥。

3. 鸡脯肉洗净，切成片，在热水中焯一下，入锅煮5分钟。

4. 将煮好的鸡肉剁成末备用。

5. 小奶锅中倒入少量鸡肉汤，开锅后放入土豆泥和鸡肉末搅拌均匀。小火煮至黏稠即可。

大姐小窍门

1. 给宝宝吃的鸡肉最好选用土鸡。

2. 煮鸡肉的汤不要倒掉，可用来搅拌土豆泥和鸡肉末。

鱼肉豆腐泥

"鱼和豆腐配，营养更加倍。"豆腐里含有丰富的维生素、钙和镁，而鱼肉富含维生素D，有利于对豆腐里钙的吸收。另外，鱼肉肉质比较细腻、鲜香，易于宝宝咀嚼和吸收。

食材

鱼肉，内酯豆腐，葱花少许。

食材

1. 将鱼收拾干净，上锅蒸8分钟。

2. 蒸熟后，选取鱼肉，去刺，捣成泥。

3. 将锅内放几滴麻油，加入少许葱花煸锅，再加入内酯豆腐炒碎。

4. 将备好的鱼泥放入锅中搅拌即可。

大姐小窍门

1. 可选用带鱼、鲳鱼、黄花鱼，也可以在超市直接买鳕鱼块或龙利鱼。

2. 豆腐最好用开水焯一下去除豆腥味。焯过的豆腐一定要把水控干再入炒锅。

油菜蛋奶碎

这道菜操作简单，油菜的清香，鸡蛋的鲜香，加上奶的甜香，混合在一起，对宝宝很有诱惑力。我照顾过一个叫晨晨的宝宝，有一次我给他做了这道菜，端上来时，也许是闻到了熟悉的奶香味，也许是我告诉他："宝贝，这道菜是用你喜欢的奶和鸡蛋做的。"他居然喊了一声"奶"，大家听到后都很惊讶。

＊扫图片，看视频，学做宝宝营养餐

食 材

油菜2棵，鸡蛋1个，奶粉10克，食用油少许。

做 法

1. 油菜洗净，去茎留叶，用热水焯一下。

2. 油菜叶剁碎。

3. 将鸡蛋和奶粉倒在一个碗里，加少许水打散。

4. 不粘锅内加几滴食用油，倒入蛋液小火煸炒。

5. 待蛋液凝固，放入油菜翻炒，出锅即可。

大姐小窍门

1. 过敏体质的宝宝这个月还不能吃全蛋，做这道菜时，应只使用蛋黄。

2. 打散鸡蛋和奶粉时，可滴几滴水，充分打匀，这样做出的蛋碎更松软。

3. 炒鸡蛋时，一定要用小火，并用筷子或铲子不停地翻炒，这样炒出的鸡蛋颗粒小，受热均匀，嫩而爽滑。

无盐虾皮粉蒸鸡蛋羹

俗话说"药补不如食补"。对于正在快速成长的宝宝，钙是不可或缺的，而虾皮号称"钙的仓库"，是公认的补钙佳品。把买回来的虾皮稍作加工，做菜的时候添上一勺，即美味又补钙，一举两得。虾皮粉蒸鸡蛋羹是简单又实用的一道辅食。可以当主食，也可以当成菜来搭配粥，宝宝们常常没几口就吃完了。

食 材

无盐虾皮，鸡蛋1个，油菜，核桃油少许。

做 法

1. 将买来的虾皮用水洗干净，沥干水分。

2. 将虾皮放入炒锅中，小火加热，直至虾皮变干。

3. 将干燥的虾皮放入料理机打成粉末状。放进密封盒子里，待需要的时候随时取用。

4. 鸡蛋磕入碗中，用筷子将鸡蛋打匀。

5. 小油菜叶洗净、剁碎。

6. 取一勺虾皮粉放入打散的鸡蛋中，搅打均匀。

7. 放入适量的温水，调匀后撒少许剁碎的小油菜叶，入蒸锅中，中火蒸制8分钟。

8. 出锅后点几滴核桃油提香。

大姐小窍门

1. 加到鸡蛋里的水必须是温水，太热鸡蛋就会被烫成蛋花，太凉则不利于混合。

2. 在蒸的过程中，蒸碗上面也可以盖上盘子，这样受热均匀，水蒸气也不易滴到蛋羹上，蒸出的鸡蛋不会变成蜂窝状。

3. 购买虾皮时一定要选择无盐虾皮。

干果小面点

面食是北方人最常吃的主食，加入各类干果后，面点不仅更好吃，还有很好的营养、补钙和润肠的作用。我在做干果小面点时，常做出小动物的样子，宝宝们见到总是感到很新鲜，爱不释手，对下顿饭也很期待。

食材

核桃50克，黑芝麻50克，面粉500克，奶粉3勺，酵母3克。

做法

1. 炒锅洗净擦干，没有油没有水的情况下，凉锅分别放入黑芝麻、核桃小火慢炒，至微黄出香，出锅备用。
2. 将核桃、黑芝麻放入料理机，加适量水打成糊。
3. 将磨好的干果糊、面粉和奶粉混合，加入酵母粉，和成面团，醒发至两倍大。
4. 将和好的面揉成面点，再醒发20分钟
5. 揉好的面点上锅蒸，开锅后蒸15分钟即可。

大姐小窍门

1. 用炒过的芝麻、核桃和面蒸出来的面点更香。注意炒时一定要小火，勤翻动，以免炒煳。
2. 蒸好的面点，一次吃不了，可以放凉后，放入冰箱冷冻层，需要吃时，提前解冻，上笼蒸透即可食用。
3. 在制作米、面食品时，应以蒸煮为主，不宜油炸，以减少营养素的流失。

菜肉小馄饨

这是一道又有肉又有菜又有主食，营养全面又方便制作的美食。八个多月的小程程，每次吃小馄饨时，都喜欢拿着勺子，一勺舀一个，一下就填到嘴里了。家人看到孩子吃得这么香，甭提多高兴了。

食材

猪里脊肉，小白菜，面粉，紫菜、虾皮粉、葱花、香菜末、黑芝麻油少许。

大姐小窍门

1. 剁肉时，要边剁边加入少许温水。这样剁出来的肉泥更黏更烂。

2. 馄饨要尽量做得小点，可自己擀皮，也可以买成品馄饨皮。买来的馄饨皮一个切四片使用。包出来的小馄饨像1角硬币大小。

3. 给宝宝吃的时候，如果没有凉透，吃前用筷子把馄饨扎开，以免馅儿太热烫到宝宝。

做法

1. 里脊肉洗净，剁成泥。

2. 小白菜洗净，去茎，然后将小白菜叶焯水，剁碎。

3. 在剁好的里脊肉泥里加入几滴酱油、黑芝麻油，和剁碎的小白菜混合拌成馅。

4. 在面粉中加入少许水和成面，擀成面皮。

5. 将擀好的面皮切成梯形，加入肉馅，包成小馄饨。

6. 锅内加水，烧至沸腾，放入小馄饨。水沸2次待馄饨浮上来即熟。

7. 在碗中放入洗过的紫菜末、香菜末和虾皮粉，加一勺馄饨汤搅匀，再将煮熟的小馄饨盛入碗中。

自制蛋糕

蛋糕又软又有营养，好消化易吸收，宝宝们都爱吃。但是外面做的蛋糕，很多为了颜色好、味道好，添加剂比较多，糖分也比较多。宝宝们爱吃，妈妈们却不敢给宝宝吃太多。我告诉妈妈们可以自己动手做蛋糕，很多妈妈都觉得做蛋糕会不会很难，或者说家里没有烤箱没法做；其实用电饭煲或者电压力锅也能做出香甜可口的蛋糕，一点儿也不难。

*扫图片，看视频，学做宝宝营养餐

食材

鸡蛋3个，低筋面粉80克，白糖30克，奶粉冲水80毫升，油15克。

做法

1. 将三个鸡蛋蛋黄、蛋清分离备用。
2. 将蛋黄打散，加入奶，和油拌匀。
3. 加入筛过的低筋面粉翻拌好。
4. 在蛋清中加入糖，打发成硬性泡状。
5. 将打好的蛋清和面粉糊混合，自上而下翻拌均匀。
6. 倒入电饭锅，摇晃几下去除气泡。按下煮饭键，大约40分钟即可。

大姐小窍门

1. 判断蛋糕有没有蒸好，可以用牙签试一下，牙签上不沾蛋糕就说明蛋糕做好了；也可以用手指按一下，无下凹有弹性即好。

2. 大多数电饭锅蒸蛋糕时，按下煮饭键后，大约10分钟会跳起，焖10分钟后，再按下煮饭键，跳起后再焖10分钟，蛋糕就做好了。

3. 如果是用电压力锅，直接按电压力锅的蛋糕键即可。

阳光绿粥

在家里人吃米饭的时候，可以就地取材，做这道营养丰富的绿粥给宝宝喝。用做熟的米饭煮出的粥更黏更香；对大人来说，也省时省力。

食 材

菠菜3棵，鸡蛋1个，米饭半碗。

做 法

1. 菠菜洗净，用开水焯熟，压成泥。
2. 鸡蛋洗净煮熟，取出蛋黄压成蛋黄泥。
3. 白饭加水熬成黏稠的粥，将菠菜泥、蛋黄泥拌入即可。

 阳光小贴士

煮鸡蛋的窍门

1. 冰箱里拿出来的鸡蛋不要马上煮，待鸡蛋恢复常温后再入锅煮熟，避免鸡蛋裂开。

2. 煮时用小火，用奶锅煮鸡蛋时，水不要太多，没过鸡蛋2/3即可，这样煮鸡蛋不易破裂。

3. 在锅里加入少许食用盐，也能避免鸡蛋破裂。

鲜橙汁

番茄和柑橘都容易引起过敏，所以尽量不要过早添加。宝宝八个月以后才可以添加这类食物。橙子是比较大众又很受宝宝们喜爱的一种水果。橙子中含有丰富的果胶、蛋白质、钙、磷、铁及维生素等多种营养成分，可以多方面补给宝宝营养，而且对滋润宝宝皮肤、头发，保健眼睛都有显著效果。

食材

脐橙1个。

做法

1. 将橙子洗净，对半切开。
2. 用手工榨汁器挤出橙汁，也可以将橙子去皮切四半，用榨汁机榨出橙汁。
3. 用过滤网过滤，滤掉渣。
4. 在橙汁中兑入2～3倍的水给宝宝喂食。

大姐小窍门

1. 由于宝宝食量小，最好用手工的榨汁器榨取，这样既方便清洗，又不浪费。

2. 选择橙子时，最好选用脐橙，虽然皮厚但口感较好，更适合宝宝食用。

3. 榨好的橙汁一定要兑水才能给宝宝饮用，否则酸度太大，宝宝的胃承受不了。兑水时不要兑热水，要兑温开水。

4. 橙汁最好现榨现喝，因为橙子的维生素C含量较高，很容易氧化，造成营养流失。

5. 不要用果汁代替水，睡觉前也不要给宝宝喝果汁，以免宝宝出现腹胀。

8个月宝宝一周食谱参考表

星期	6：00	9：00	12：00	15：00	18：00	21：00
一	母乳或配方奶	阳光绿粥	母乳或配方奶	胡萝卜羊肝泥	母乳或配方奶	母乳或配方奶
二	母乳或配方奶	苹果土豆泥	母乳或配方奶	虾泥面条	母乳或配方奶	母乳或配方奶
三	母乳或配方奶	木瓜小米粥	母乳或配方奶	鱼肉豆腐泥	母乳或配方奶	母乳或配方奶
四	母乳或配方奶	米粉西兰花泥	母乳或配方奶	菠菜肉泥	母乳或配方奶	母乳或配方奶
五	母乳或配方奶	香蕉泥黑芝麻糊	母乳或配方奶	油菜蛋奶碎	母乳或配方奶	母乳或配方奶
六	母乳或配方奶	山药萝卜泥	母乳或配方奶	虾皮粉蒸鸡蛋	母乳或配方奶	母乳或配方奶
日	母乳或配方奶	香蕉南瓜泥	母乳或配方奶	菜肉小馄饨	母乳或配方奶	母乳或配方奶

四、9个月，学着嚼一嚼

本阶段宝宝特点

这个月龄宝宝能力明显增强了，有的宝宝在小床里会用手拽着栏杆站起来了，甚至还能扶着床栏杆走两步。宝宝的小手也更灵活，探索的能力也更强了，对很多东西都开始感兴趣，什么都想动一动，摸一摸。很多家长在喂宝宝的时候，都会遇到宝宝把碗打翻，或者用小勺把饭菜扬得到处都是。有的宝宝和大人一起坐在餐桌上吃饭，会对大人的饭菜特别感兴趣，伸手去抓时，打翻大人饭菜的事情也屡见不鲜。所以这时候家长们一定要提高警惕，注意孩子的安全，把热汤、热饭摆放到宝宝触及不到的位置，千万不要让热汤饭把宝宝烫伤。

现在宝宝的手指也更加灵活，可以用拇指和食指捏起小东西，家长们也可以根据宝宝的这个进步，多锻炼宝宝。吃饭前把宝宝的手洗得干干净净，有些饭菜或小零食可以让宝宝自己用手捏着吃，比如小馒头、饼干、小"猫耳朵"等。

本阶段宝宝喂养注意事项

（1）大多数宝宝对吃辅食更感兴趣。如果宝宝闻到菜香，看到大人们坐在餐桌前吃饭，就会有意识地探着身子让大人抱他过去。大人可以把宝宝辅食添加尽量安排在大人吃饭的时间，这样宝宝会非常开心。

（2）不爱喝奶的宝宝可以多吃点肉类、蛋类补充蛋白质。不爱吃蛋肉的宝宝可以多喝奶，补充营养。不爱吃蔬菜的宝宝，可适当给他多加点水果，增加维生素的摄入。

（3）给宝宝喂水果时，不必再全都榨成果汁或压成果泥了，可以选择易咀嚼的水果，削掉皮后切成片或块让宝宝自己抓着吃。

（4）宝宝和上个月相比，自我意识更强了。爱吃的就张着嘴不停地要，不爱吃的喂到嘴里就会吐出来，再喂的时候就会把头扭到一边去不吃了。这时候家长们要耐心地告诉宝宝："每种食物都有不同的营养，都要吃一点儿，宝宝最棒了！"如果宝宝接受，可以少喂点。但如果宝宝还是不同意吃，千万不要强迫宝宝，否则会让宝宝对食物更反感。很多时候宝宝吐出食物，是因为不喜欢，或者已经吃饱了。

（5）如果宝宝不爱吃蔬菜，可以把蔬菜做成小馄饨、饺子，或余成丸子给宝宝吃。有的妈妈说宝宝不爱吃菜，喜欢白面条上加点酱油、香油拌在一起吃。这不是宝宝的问题，一开始家长就不应该给做这样的辅食。

（6）这个月的宝宝能吃的辅食有小馒头、面条、小馄饨、蛋糕、饼干、猪肝、猪肉、豆腐、核桃、青菜、水果、面包、小花卷、豆沙包等。

专家点评

宝宝0.5～1岁，蛋白质每日推荐量为20克，铁的适宜摄入量为10毫克，锌的适宜摄入量为3.5毫克，因此，为促进宝宝的健康生长，应注意适当添加鱼虾及瘦肉，每日25～40克为宜。

9个月宝宝食谱

蛋包西葫

西葫芦的原汁滋润着鸡蛋，很入味。鸡蛋包裹着西葫，软软的，嫩嫩的，口感好，易消化。西葫芦含有一种抗干扰素的诱生剂，能够提高人体免疫力，调节人体新陈代谢，有抗病毒的作用。

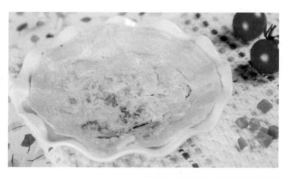

*扫图片，看视频，学做宝宝营养餐

食材

西葫芦50克，鸡蛋1个，葱花少许。

做法

1. 西葫芦洗净，擦成丝。
2. 鸡蛋洗净，打散备用。
3. 锅内放少许油，加入葱花爆香，再加入西葫芦丝煸炒至软。
4. 将鸡蛋液均匀浇在西葫芦上面，盖上锅盖，小火焖至蛋液凝固即可。

大姐小窍门

1. 西葫芦要选嫩一点的，老的西葫芦皮厚，有籽，口感不好。

2. 注意火候，火太大容易底面糊锅，一定要用小火。

麻汁豆花

麻汁含钙量非常高，经常食用，对骨骼和牙齿的发育都有很大的益处，麻汁还含有丰富的卵磷脂，对头发生长也很有帮助，对宝宝成长非常有益。另外麻汁还含有大量的油脂，有润肠通便的作用。豆子营养丰富，豆花鲜嫩爽滑，每次喂宝宝的时候，宝宝总是一吸就吃进去了。

食材

内酯豆腐，麻汁，紫菜，虾皮粉。

做法

1. 紫菜泡发，洗净，热水煮开。

2. 捞出紫菜，剁成末备用。

3. 将内酯豆腐放在盘中蒸约3分钟。

4. 将蒸好的内酯豆腐，用小勺一勺一勺地片到宝宝的小碗里。

5. 碗中淋入麻汁，撒上紫菜末、虾皮粉即可。

大姐小窍门

1. 紫菜一定要泡开漂洗，以防有沙。

2. 内酯豆腐可以放在细网漏勺里开水焯透。

3. 如果麻汁太黏稠也可以兑水调成稍稀的汁。

鸡肉栗子泥

鸡肉和栗子是菜品的黄金搭档，鸡肉的肉汤可以中和栗子的干面，而栗子的甘香又可以中和鸡肉的油腻。甘香加肉香，绝对是一道美味佳肴。

食 材

鸡脯肉50克，栗子3个。

做 法

1. 栗子入水煮15分钟，捞出后去皮。

2. 将去了皮的栗子放入带刺小碗或蒜窝捣碎。

3. 鸡肉洗净，切小块，入水煮10分钟至熟。

4. 将煮熟的鸡肉块剁碎，边剁边加入鸡汤。

5. 将剁好的鸡肉和栗子粉混合搅拌，搅拌时如果觉得太干，就加入少量鸡汤，至黏稠为止。

大姐小窍门

1. 栗子洗净煮熟或蒸熟。也可先在栗子上切道口，再放入微波炉加热至熟。

2. 栗子要仔细捣碎，避免大颗粒不易嚼碎或呛到宝宝。

3. 煮鸡肉时要切小块或切片，水不要太多，这样鸡肉易熟，鸡汤鲜美。

三鲜豆腐泥

这道辅食中，豆制品、肉、蛋、菜全都有，营养均衡、色泽清亮，味道鲜美。脆生生的小黄瓜片，软软的鸡蛋豆腐，爽口的同时，也能激发宝宝咀嚼的兴趣。

食材

豆腐60克，黄瓜一小段，嫩猪里脊肉30克，鸡蛋1个，葱花少许。

做法

1. 嫩猪里脊肉洗净，剁成泥状。

2. 豆腐洗净，用木槌捣成泥状。

3. 黄瓜洗净，切成小薄片。

4. 鸡蛋打散，锅内倒入少许油，油热后，将鸡蛋倒入，炒碎，盛出备用。

5. 锅内倒入少许油，油热后，倒入少许葱花煸锅。再倒入肉泥炒至肉变色。

6. 倒入豆腐泥和黄瓜片翻炒几下后，倒入刚才炒过的鸡蛋再翻炒几下，出锅即可。

大姐小窍门

1. 豆腐洗净之后，最好焯一下水，去掉豆腥味，口感更好。

2. 黄瓜可以根据自己的创意，切成不同形状的薄片。

3. 鸡蛋尽量炒得软嫩一些，以方便宝宝食用。

肉末蔬菜羹

这道辅食荤素搭配，有饭、有菜又有肉，营养非常均衡。蔬菜含有丰富的维生素和膳食纤维，肉里的蛋白质丰富还补铁。

食材

大米50克，嫩猪里脊肉20克，小油菜叶20克，木耳1朵，油少许。

做法

1. 菜洗干净，焯热水，控干后切成碎末。木耳洗净，泡发，切碎。

2. 嫩猪里脊肉切成丝，用凉水泡除血水，控干剁成末。

3. 大米洗干净，熬成稠粥。

4. 锅中加几滴油，倒入肉末翻炒至熟，再倒入青菜末、木耳碎翻炒几下。

5. 将煮好的粥倒入锅内，和肉末、菜末混合搅拌，2分钟后出锅。

大姐小窍门

1. 肉要选嫩里脊，这个阶段的孩子月龄还小，对肉的消化能力有限，只有嫩里脊最容易熟也最容易烂，宝宝容易消化。

2. 为了减少肉的腥味，可将肉切丝后浸泡一会儿以去除血水。

五彩小馄饨

　　清脆香甜的荸荠末加上浓浓的肉香，这是一道营养又好吃的美食，但同时也比较费时间，妈妈们可以在周末或者假期有空的时候做给宝宝吃。也可以一次多做出点儿来，冻在冰箱里，吃的时候随时拿出来煮。虽然制作起来有点费时间，但也正是由于需要的材料多，所以营养特别丰富。像彩虹一样的小馄饨一定会刺激宝宝的视觉感官，让宝宝主动来品尝这道美味。

食 材

面粉，南瓜，紫甘蓝，菠菜，猪里脊肉，荸荠，鸡蛋，葱花，黑麻油。

做 法

1. 荸荠洗净，去皮，切成末。
2. 猪里脊肉洗净，去除白筋，剁成末。
3. 将荸荠和肉末混合，加入一个生鸡蛋、葱花，再加点儿麻油，混合成馅。

＊扫图片，看视频，学做宝宝营养餐

4. 紫甘蓝榨汁，菠菜叶焯水打成泥，南瓜蒸熟压成泥。

5. 取面粉分四份。一份只加水和成面团；一份加入紫甘蓝汁揉成面团；一份加入菠菜泥揉成面团；最后一份加入南瓜泥揉成面团。

6. 将四个面团擀成较厚的面片，将四张厚面皮按照白色、绿色、黄色、紫色的顺序依次叠在一起。

7. 从边缘处切下长长的一条，擀成长长的薄片。将彩色薄片，切成长方形，与普通的馄饨皮相似。

8. 在馄饨皮中放入肉馅，将皮向上卷1/3包住肉馅。再将刚才卷过的那边继续往上卷，但这次不卷到底，而是卷一半。然后把两个上角往中间捏紧。

9. 小馄饨包好后，下入沸水中开两次加两次凉水即熟。

大姐小窍门

1. 切下的边角做成小面叶留待下次用。

2. 为了面皮有韧劲，在和面时可加入少许蛋液。

3. 馄饨包得要小，馄饨的包馅儿如蚕豆大小即可。

4. 吃前，可用筷子在馄饨肚上扎眼，放掉热气凉得快些。

5. 馄饨、饺子类内芯不易凉透，一定要试好温度再给宝宝食用，以免烫伤。

高汤三角面

　　大骨汤有很好的补钙效果，给宝宝做面片或者面条时用高汤代替清水是个不错的选择。将面片切成小小的三角形，还能激发孩子的好奇心，增进食欲。妈妈应该学着把食物变变花样，常常给宝宝惊喜。

食材

面粉适量（或者馄饨皮4个），青菜2棵，高汤300毫升。

做法

1. 面粉加少许水和面，将和好的面擀成薄薄的面皮。
2. 将面皮切成小小的三角块（或将买的小馄饨皮多切几刀，呈三角形）。
3. 青菜洗净，焯水，切成碎末。
4. 锅内放高汤，煮开后下入三角面片、青菜碎，煮沸2分钟即可。

大姐小窍门

　　1. 煮大骨汤时滴两滴醋，可使骨头中的钙、磷、铁等矿物质溶解出来，营养价值更高。

　　2. 给宝宝喂饭的过程中，也可以把握这个机会，教给宝宝"这是三角形"。这个时期的宝宝虽然还不会说话，但已经开始对形状有感知了。

香蕉小花卷

香蕉肉质软糯，香甜可口，还有润肺止咳、防止便秘的作用。它营养丰富，含有人体所需的钾和镁，被称为"快乐食品"。漂亮的花卷，面香里透着果香，宝宝们都爱吃。

食 材

香蕉2根，白面500克，奶粉20克，酵母3克，鸡蛋1个。

做 法

1. 在白面中加入少量水和酵母粉、奶粉、香蕉泥、鸡蛋液和成面团。

2. 待面团醒发2倍大时，即可做成花卷，再醒发30分钟。

3. 将发好的花卷，上锅蒸10分钟即可。

大姐小窍门

1. 和面时用的酵母粉最好用温水化开，面里加点白糖面会醒发得更快。

2. 做面食时，大一点的花卷蒸的时间就长，反之则短。

3. 香蕉性寒，脾胃虚寒、胃痛、腹泻者应少食，胃酸过多者最好不吃。

4. 香蕉保存时，不能放入冰箱里。用保鲜膜把香蕉把儿包起，悬挂起来存放效果更好。

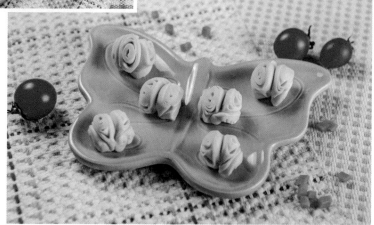

时蔬疙瘩汤

北方人喜欢吃面食，受大人饮食习惯的影响，很多宝宝也对面食感兴趣。这款时蔬疙瘩汤，有蔬菜的香气，又有面疙瘩的嚼劲儿，对于开始学习咀嚼的宝宝非常有益。

食材

面粉30克，鸡蛋1个，时令蔬菜50克，葱花、食用油少许，香油适量。

做法

1. 时令蔬菜洗净，沥干，去茎留叶，在热水中焯一下。

* 扫图片，看视频，学做宝宝营养餐

2. 将焯过的蔬菜控干水，剁碎备用。

3. 将鸡蛋和面加适量清水调成糊状。

4. 锅内加入几滴油，倒入葱花煸锅，再倒入蔬菜翻炒几下。

5. 锅内加入水烧开。将面糊透过圆眼漏勺，滴入开水锅中，形成一个个小面疙瘩，开锅后煮2分钟。

6. 出锅时滴几滴香油。

大姐小窍门

1. 蔬菜可选用油菜、菠菜、丝瓜、西红柿、黄瓜等，当季蔬菜都可以。

2. 调面糊时要注意稀稠适中，用漏勺倒下时，面糊应似水珠般滴下来，可以借助小勺压面糊使其顺利通过漏勺孔。

3. 如果有高汤，可以不用油煸锅，直接倒入蔬菜煮制即可。

猪肝菠菜粥

宝宝到这个月份可以吃猪肝了，肝类的维生素A含量极高，补肝、养血、明目的效果非常好。但是前期因为宝宝小，要吃嫩一点的肝类，一般是7个月吃鸡肝，8个月吃羊肝，9个月吃猪肝。不要吃太多，一周吃一次就可以。

食材

菠菜1棵，猪肝20克，大米30克。

做法

1. 猪肝洗净，切片，焯水后剁成末。
2. 菠菜洗净，焯水后剁成末。
3. 锅内加水煮开后，放入大米煮至黏稠。
4. 在米粥中加入猪肝，不停用勺子搅拌，煮沸3分钟，倒入菠菜末即可。

大姐小窍门

1. 猪肝要反复用水清洗，去除血水及黏液。切片后要再次用水清洗去除血水，这样才能真正洗干净。

2. 菠菜已经用开水焯过了，煮粥时不要太早放入，菠菜煮太久营养就流失了，等出锅时放入即可，这样菠菜鲜嫩翠绿，好看好吃又有营养。

营养米糊

杂粮米糊四季都可食用。春秋食用，滋阴润燥;夏季食用，消热防暑，生津解渴;冬季食用，祛寒暖胃，滋养进补。

食材

大米，玉米，小米，黑米，糙米，燕麦，红豆，绿豆，核桃仁，红枣肉。

做法

1. 食材的总量为豆浆机自带量杯1杯，约二两，淘洗干净后放入豆浆机中。

2. 在豆浆机中放水到下止线位置，按下"米糊"和"开始"键即可。

大姐小窍门

1. 杂粮可就地取材，家里有什么放什么，不要纠结多一样或少一样。也可根据宝宝的身体状况，从食疗角度选择食材。比如，夏天可以加上绿豆，但如宝宝吃药就不要添加绿豆了。

2. 豆类约占总量三分之一即可，太多不利于宝宝消化吸收，也会使米糊不够黏稠，影响口感。

3. 豆浆机型号多样，要根据使用的型号来正确操作。

4. 也可用几种杂粮粉适量混合熬制成糊。

9个月宝宝一周食谱参考表

星期	6：00	9：00	12：00	15：00	18：00	21：00
一	母乳或配方奶	苹果泥	麻汁豆花	母乳或配方奶	小米山药粥	母乳或配方奶
二	母乳或配方奶	木瓜泥	鸡肉栗子泥	母乳或配方奶	肉末蔬菜羹	母乳或配方奶
三	母乳或配方奶	香蕉泥	猪肝菠菜粥	母乳或配方奶	冬瓜虾仁面条	母乳或配方奶
四	母乳或配方奶	桃子泥	菜泥蒸蛋	母乳或配方奶	高汤三角面	母乳或配方奶
五	母乳或配方奶	苹果泥	三鲜豆腐泥	母乳或配方奶	营养米糊	母乳或配方奶
六	母乳或配方奶	香蕉泥	肉末娃娃菜＋小米粥	母乳或配方奶	时蔬疙瘩汤	母乳或配方奶
日	母乳或配方奶	鳄梨泥	香蕉花卷＋蛋包西葫＋玉米粥	母乳或配方奶	五彩小馄饨	母乳或配方奶

五、10个月，爱上美味新菜品

本阶段宝宝特点

这个月宝宝的平均身长是：男宝宝73.08～75.2厘米，女宝宝72.3～73.7厘米。平均体重是：男宝宝9.44～9.65千克，女宝宝8.80～9.02千克。但并不是说低于或者高于这个标准就不正常，而是要根据宝宝自身的生长曲线进行评价。只要生长没有太大的问题，家长们不用过多地担心宝宝吃得多点儿还是吃得少点儿。有了10个月的养育经验，家长们都已经比较了解自己的宝宝了，只要宝宝精神状态好，吃得高高兴兴就可以。

不要低估宝宝的咀嚼和吞咽能力，这个月宝宝的咀嚼能力又增强了，可以吃一些颗粒状的食物，家长们也不要担心宝宝嚼不烂，把所有的食物都弄成糊糊或者泥状了。如果总是弄得太烂，宝宝的咀嚼和吞咽能力反而得不到及时的锻炼。

本阶段宝宝喂养注意事项

（1）家长们不要觉得宝宝月龄增加了，饭量就该增加。特别注意不要填鸭式地给宝宝喂太多，宝宝自己知道饱，不吃就不要再喂了。哪怕有几天比上个月吃得少点儿了，家长也不要担心。外界条件变化也会对宝宝食欲有影响，比如，夏天天太热，很多宝宝的食量就减少了。但如果强行给宝宝多喂，反而容易造成积食，伤了宝宝肠胃，恢复需要很长时间。

（2）到了这个月龄，宝宝们的个体差异更加明显，有的宝宝一次能吃一小碗，有的宝宝还是像前几个月一样，只能吃几口。遇到这种情况家长千万不要攀比，也不要着急，一定要根据自家宝宝的特点掌握添加辅食的量。吃得多的孩子，可能是本身食量就大或者喝奶少一些。

（3）如果觉得宝宝确实对食物不太感兴趣，可以先检测宝宝的生长指标，如果没问题，就从饮食上调节，给宝宝做饭时多变花样，不要总是那几种饭菜吃起来没完。

（4）在宝宝醒着的时候，多陪宝宝进行户外活动也很重要，户外活动有助于钙的吸收，还能增进宝宝的食欲。

（5）辅食就是辅食，在这个月龄虽然宝宝能吃的花样更多了，也不要忽略奶的价值。有些宝宝因为喜欢吃饭就几乎不喝奶了，这是不对的。

（6）到了这个月龄，宝宝更活跃了，有的宝宝喜欢边吃边玩，有的宝宝就不喜欢坐在凳子上安静地吃，喜欢跑来跑去。千万不能养成追着喂、边玩边吃的习惯。吃饭时尽量把宝宝固定在宝宝椅上，让环境安静下来，不要开着电视，也不要为了喂饭就拿玩具逗宝宝。

（7）如果宝宝吃饭时喜欢用手乱抓，家长们不要吼宝宝，也不要惩罚宝宝，比如打宝宝的手。要轻轻地把他的手拿开，然后平心静气地告诉宝宝："这样不对，会被烫到。宝宝吃饭要像爸爸、妈妈一样，使用餐具吃。"

专家点评

0.5～1岁的宝宝，每日钠的适宜摄入量为350毫克，因此，平时制作辅食时不必放盐，食材中本身的钠量已经够了，除非是天气热出汗多，需要额外补充水分和盐，否则不必另加。大人千万不要根据自己的口味来给宝宝做饭。

什锦蛋饼

蔬菜种类越多，营养越全面。按照以下食材的分量制作，做出的蛋饼量比较多，大人宝宝都可以吃。制作时，可以只选用以下蔬菜中的2～3种。

食材

西葫芦30克，卷心菜30克，菠菜30克，南瓜30克，土豆30克，鸡蛋1～2个，面粉60克，葱花少许。

* 扫图片，看视频，学做宝宝营养餐

做法

1. 西葫芦洗净，去皮去瓤，擦成细丝。

2. 卷心菜或菠菜洗净，过热水焯一下。剁成菜末。

3. 南瓜或土豆洗净，蒸熟，抿成泥状。

4. 将西葫芦丝、卷心菜末、菠菜末、南瓜泥、土豆泥混合，再加入面粉、葱花、鸡蛋，顺时针搅拌均匀成糊状。

5. 平底锅内加入少许油，油热后将蛋糊倒入，小火煎熟。也可以将蛋糊多分成几份，煎成小饼状。

大姐小窍门

1. 煎蛋糊时，首先要把蛋糊摊平，尽量摊薄，这样容易熟。

2. 南瓜、土豆蒸时，要切成片或擦成丝，这样易熟。

3. 向锅里下蛋糊时，锅一定不要太热。煎时要小火，由于含有南瓜和胡萝卜，若大火容易煳锅。

番茄鳕鱼

鳕鱼肉质白细鲜嫩，清口不腻，鱼刺很少，最适合宝宝吃。鱼肉中含有丰富的镁元素、蛋白质。

食材

鳕鱼150克，西红柿半个。

做法

1. 鳕鱼洗净，去掉里面的黑膜，切块备用。

2. 将葱姜切碎，撒在鳕鱼块上，腌制大约30分钟，去腥味。

3. 锅内放入少许油，将腌好的鳕鱼块两面煎一下，盛出来备用。

4. 将西红柿洗干净，去皮，切成小块，倒入锅内翻炒至西红柿成酱。

5. 将鳕鱼倒入西红柿酱内，再翻炒至均匀入味，出锅即可。

大姐小窍门

1. 鱼内部的黑膜必须去掉，不然做出来的鱼会很腥。

2. 虽然鳕鱼刺很少，大骨很软，但给宝宝喂饭时还是得注意，仔细地把鳕鱼刺挑出来，不要卡到宝宝。

3. 西红柿务必多炒一会儿，炒成酱。这样一是不会太酸，二是容易进滋味。

肉末蟹味菇

蟹味菇之所以被称为"蟹味"，就是因为这种蘑菇除了有蘑菇本身的香味之外，还有鲜味。肉和蘑菇本来也是很好的搭档，合在一起喷喷香，很下饭。

大姐小窍门

1. 给这个月龄的宝宝做蟹味菇时，要把丁切得小一点儿。

2. 翻炒后期，需要加点儿水，这样炒出来肉嫩菇软。

食 材

嫩猪里脊肉50克，蟹味菇100克，葱花少许，油少许。

做 法

1. 里脊肉洗净，切末。

2. 蟹味菇洗净，开水焯一下，切成丁。

3. 锅内放少许油，油热后倒入少许葱花煸锅，然后倒入肉末翻炒。

4. 翻炒至肉变色后，倒入蟹味菇翻炒几下后，加入少许水再翻炒一会儿，出锅即可。

丝瓜大虾

丝瓜的营养价值很高，含有粗纤维、铁、钙及B族维生素，对消化不良的宝宝，能助消化，起到润肠通便的作用。丝瓜汤还可以浇到米饭上，稠糊糊的，还带着鲜香，是宝宝们的最爱。

大姐小窍门

1. 丝瓜尽量炒软炒黏，这样才能入味。

2. 去掉的虾壳不要扔掉，可以加点白萝卜丝或者其他青菜煸炒后加水熬成汤，补钙效果很好。

食材

丝瓜半根，大虾3个，姜1片，油少许。

做法

1. 丝瓜洗净，去皮，切成薄片。

2. 大虾洗净，去头去壳，挑出虾线，切成丁备用。

3. 锅内倒入油，油热后，放入姜片煸锅，然后倒入丝瓜片翻炒。

4. 丝瓜炒至发软后，倒入虾丁翻炒。

5. 炒至虾肉变红后，关火。

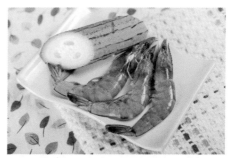

小白菜豆腐丸

这是一款汤菜,雪白的鱼肉豆腐丸子,配上绿油油的小白菜,看上去格外清爽。有了这款菜,大人就不用再额外给宝宝做汤了,省了不少工夫。

食材

小白菜100克,豆腐50克,鱼肉50克,鹌鹑蛋2个,淀粉、葱姜末少许。

做法

1. 小白菜洗净,过热水焯一下,出锅后剁成末备用。
2. 豆腐洗净,剁成泥状;鱼肉洗净,剁成鱼泥。
3. 将豆腐泥、鱼泥、淀粉、鹌鹑蛋、葱姜末混合,顺时针搅拌成馅,做成丸子。
4. 锅内倒入水,水温后调至中火,倒入鱼丸,开锅后煮3分钟,撒上菜末,关火滴上两滴麻油即可。

大姐小窍门

1. 做小丸子时,也可以先将团成的丸子放入小盘,在笼上蒸5分钟,再倒在炒好的小白菜上,这样丸子易成形,不易碎。
2. 用同样的方法还可做成萝卜豆腐丸。

白菜肉小饺子

俗话说"百菜不如白菜"，白菜是北方家庭冬天餐桌上的主打菜。白菜含有蛋白质、钙、磷、铁、胡萝卜素等，维生素C的含量是苹果、梨的4～5倍，锌的含量比肉类还高，对宝宝非常有益。而且白菜好消化、易吸收，含有大量的膳食纤维，能起到润肠、促进排毒的作用。特别是白菜与肉类同食，既可增添肉味的鲜美，又可减少肉中的亚硝酸盐。

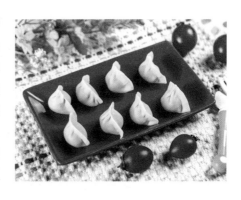

食 材

白菜300克，里脊肉100克，香菇2朵，面粉300克，葱姜末、盐、芝麻油少许。

做 法

1. 将白菜叶剥下来，洗净，留下叶剁碎。

2. 里脊肉洗净，挑出白筋，剁成肉泥；香菇洗净，剁成末。

3. 将白菜末、香菇末、葱姜末和肉泥搅拌在一起，放入少许芝麻油、盐继续搅拌，做成馅。

4. 在面粉中加入少许水和成面团，再将面团饧制30分钟。将面团切成小一点的剂子，擀成薄薄的圆面皮。

5. 把馅放入面皮中，包成小饺子。

6. 锅内放水烧开后，放入饺子。开锅加两次凉水，水沸后饺子浮起来即可。

大姐小窍门

1. 白菜剁碎后，不要把白菜里的水分全部挤干。

2. 饺子皮尽量薄一点儿、小一点儿，适合宝宝食用。

3. 如果使用干香菇，泡发时，水里可加少许糖，这样容易泡大泡软。洗时，可把香菇放在带盖的容器里，使劲摇晃，这样香菇里的杂质就容易洗出来了。

4. 鲜香菇洗净后，攥干水分。

麻汁面卷

作为补钙佳品的麻汁,食用方法有多种,除了拌面、拌菜之外,还可以做成香甜可口的小花卷,孩子、大人都愿意多吃上几个。

食材

麻汁,面粉,酵母粉,葱花。

做法

1. 将酵母粉用温水化开,搅匀。
2. 盆中放入面粉,倒入化开的酵母水,再加入适量水,和成面团,饧发至2倍大。
3. 将面团擀成大一点的圆形薄片。在面皮上均匀地抹上麻汁,撒上葱花。
4. 从面皮的下边向上卷起来,切成小段。两段摞起来后,拧成花卷,饧制半个小时。
5. 锅内放入凉水,上笼蒸15分钟。

大姐小窍门

1. 面粉中倒入水时,要先在面粉中央留个坑,一边向中间加少量水一边用筷子顺时针绕着中心搅拌,至面成为面花,这时再用手揉面团。这样盆、手、面都干净。

2. 拧花卷时,也可以用一根筷子向摞好的面段压下,将面卷两端向下折。

三鲜小蒸包

放入虾仁和香菇，增加了包子馅的鲜度；鹌鹑蛋使得馅更嫩滑。

食材

面粉500克，酵母粉3克，里脊肉300克，鲜香菇5朵，虾仁100克，鹌鹑蛋2个，油、葱花、姜末少许。

做法

1. 酵母粉用温水化开，搅匀，倒入面粉中，和成面团。

2. 香菇、葱、姜洗净，切成末备用。

3. 里脊肉洗净，剁碎。虾仁洗净，挑去虾线，剁成末。

4. 肉末中加入鹌鹑蛋、少许香油、几滴酱油、葱姜末，顺时针拌匀，腌制半个小时，再放入虾仁末、香菇末，顺时针搅拌成馅。

5. 待面团饧发至两倍大时，切成小剂子，擀成包子皮。放入调好的三鲜馅，包成小包子，饧发15分钟。

6. 锅内放水，将包好的包子生胚上锅蒸12分钟即可。

大姐小窍门

1. 尽量选用鲜虾，去头去壳，挑去虾线。

2. 调肉馅时，一定要向一个方向搅拌均匀，这样做出的肉馅更筋道，易成丸。

3. 捏好的包子饧发时间和气温有关，一般夏天15分钟左右，冬天30分钟左右。

豆腐鲫鱼汤

鱼和豆腐是最佳拍档，搭配在一起有益气养血、健脾宽中的作用。浓浓的鱼汤，鲜香美味；软软的豆腐，鲜嫩爽滑，配在一起，对宝宝很有诱惑力。

 食 材

豆腐30克，鲫鱼一小条，姜片一片，香葱末少许。

做 法

1. 将鱼去内脏、鳃和鳞，洗净，控干水。如果有吸水纸用纸吸干水分更好。

2. 锅内放油，油热后放入姜片煸锅。

3. 放鱼入锅，将鱼两面煎至表面变黄；倒入适量的水煮沸。

4. 豆腐洗净，切块，放入锅中和鱼一起中火炖15分钟。

5. 出锅前放入一点香葱末。

大姐小窍门

1. 在清洗鲫鱼的时候，一定要把鱼肚里黑色的内膜去掉。

2. 鲫鱼必须两面煎黄，加水后大火炖才能炖出奶白色的汤。

3. 给宝宝食用鲫鱼时，一定要用细漏网过滤，以免细刺卡到宝宝。

银耳莲子羹

这道汤口感浓甜润滑，美味可口。银耳有润肺、润肠、养胃、补脑的功效，莲子补肾、止泻、安神，大枣补血，这些都对宝宝身体健康有益。

食材

银耳1/4朵，莲子6个，红枣5颗，冰糖适量。

做法

1. 银耳泡发，洗净，去根部的蒂，切碎。

2. 莲子洗净，温水泡30分钟；红枣洗净，对半切开，去核。

3. 锅中放入适量清水，加入银耳、莲子和红枣，中火转小火煮30～40分钟，再放入冰糖略煮一会儿，关火即可。

大姐小窍门

1. 选择银耳时，应选择微黄的，太白的银耳可能是二氧化硫熏过的，对健康有害。

2. 红枣生的时候不容易去皮，煮熟后给小一点的宝宝喂食时，应将外皮去掉，否则宝宝不好吞咽和消化，也容易沾到嘴巴的上膛上造成不适。

10个月宝宝一周食谱参考表

星期	6：00	9：00	12：00	15：00	18：00	21：00
一	母乳或配方奶	香蕉	什锦馅饼+ 小米粥	红豆水	玉米粥+ 番茄鳕鱼	母乳或配方奶
二	母乳或配方奶	苹果	软米饭+ 小白菜豆腐丸	银耳莲子羹	八宝粥+ 油菜猪肝	母乳或配方奶
三	母乳或配方奶	西红柿	三鲜蒸包+ 西红柿蛋汤	水果奶昔	小馒头+ 紫菜汤	母乳或配方奶
四	母乳或配方奶	西瓜	麻汁面卷+ 豆腐鲫鱼汤	白萝卜水	西兰花 碎蒸蛋	母乳或配方奶
五	母乳或配方奶	梨	发糕+肉末蟹味 菇+大米粥	坚果浆	白菜肉 小饺子	母乳或配方奶
六	母乳或配方奶	桃	鸡肉菠菜丸+ 小馒头+芝麻糊	苹果水	鸡蛋 疙瘩汤	母乳或配方奶
日	母乳或配方奶	火龙果	丝瓜大虾+香蕉 花卷+小米稀饭	山楂水	时蔬面片	母乳或配方奶

六、11个月，花样更丰富了

本阶段宝宝特点

这个月的宝宝模仿力有了很大的提高，比如妈妈亲宝宝，宝宝也会学着亲妈妈。如果大人挥手示意说"再见"，宝宝也会挥挥手。在给宝宝喂饭的时候，要抓住这一特点，告诉宝宝："宝宝，吃饭的时候要多嚼一嚼，对身体更好！"大人可以吃一口，使劲嚼，让宝宝也会模仿着咀嚼。

这个月大多数宝宝的睡眠时间依然是每天12~14个小时，有的宝宝少睡一些也没关系，只要宝宝精神状态好就可以。有的宝宝晚上睡一整觉，白天只睡一觉甚至睡得时间少都是正常的。家长根据宝宝自身特点，安排宝宝的作息和饮食时间就可以了，但一定注意给宝宝养成作息规律。

本阶段宝宝喂养注意事项

（1）一些妈妈开始打算给宝宝断掉母乳了，如果有这种计划，可以逐渐减少宝宝吃母乳的次数，适当增加辅食以及点心、水果的量。

（2）很多父母觉得肉、蛋、奶蛋白质丰富，蔬菜水果维生素丰富，就尽量多给孩子吃这些，少吃粮食，这样是不对的。因为粮食直接给身体提供活动时所需的热量，而肉、蛋、奶提供的热量则需要转换，不但增加体内代谢的负担，还可能产生一些对身体有害的物质。

（3）这个月龄的宝宝可以吃的食物颗粒更粗大了，品种更多了，这时候就更要提高警惕，要防止某些食物进入宝宝呼吸道或者卡到宝宝。比如鱼刺、米粒、坚果仁等，家长一定要特别小心，像果冻、布丁尽量不要给宝宝吃。

（4）豆制品虽然含有丰富的蛋白质，但多是粗质蛋白，宝宝吃多了会加重肾脏负担，最好一天不超过50克。

（5）这个月最省事的喂养方式是：一日三餐和大人一起吃，两次牛奶可加在早上起床后和晚上睡觉前。中间穿插加两次水果。喝奶和吃饭不要离得太近，以免影响吃饭。

（6）这个月宝宝能吃的蔬菜增多了，除了辣椒之外，基本都能吃了。应尽量选择时令蔬菜给宝宝吃，这样营养价值更好一些。

专家点评

对于我国7～12月龄的婴儿，母乳的平均摄入量为600毫升／天，由母乳提供的水量约540毫升／天，加上辅食和饮水提供的水量约为330毫升，此阶段婴儿的适宜的水摄入总量为900毫升左右。

水的需要量不仅个体差异较大，而且在不同的环境或生理条件下也有差异。因此，水的人群推荐量并不完全等同于个体每日的需要量。

西兰花鹌鹑蛋

西兰花是营养最丰富的蔬菜之一，绿油油的西兰花，配上橙色的胡萝卜，加上黑色的木耳碎、白色的鹌鹑蛋，色彩非常丰富，在视觉上对宝宝很有吸引力。我们还可以把鹌鹑蛋设计成动物的造型，宝宝每次看到都主动抓着吃。

食 材

西兰花5朵，鹌鹑蛋3～5个，木耳1朵，胡萝卜5片，葱姜末、油少许。

做 法

1. 西兰花洗净，过热水焯一下，然后切成小块。

2. 鹌鹑蛋下锅煮熟，剥去皮备用。

3. 木耳泡发，洗净，去蒂，切成碎末。

4. 胡萝卜洗净，去皮，切成菱形薄片。

5. 锅内放油，油热后放入葱姜末煸锅，先倒入胡萝卜片煸炒，再加入西兰花、木耳和鹌鹑蛋，混合在一起翻炒。

6. 摆盘，鹌鹑蛋做成小鸡、小兔子状。

大姐小窍门

1. 洗净西兰花后，去掉茎部的外皮，炒好后也非常脆嫩，宝宝可以吃。

2. 炒菜时，先把胡萝卜放进去，这样更利于胡萝卜素的释放。

3. 可以借用胡萝卜，把鹌鹑蛋做成小动物的造型。

肉末蒸茄合

逢年过节，在北方基本上家家都会炸藕合、茄合。但是对于宝宝来说，吃太多的油炸的东西很难咀嚼也不好消化，所以我们换成蒸的方法。蒸出来的茄子，软软的，伴着肉香，也一样美味。

食材

里脊肉50克，虾仁50克，鹌鹑蛋2个，长条茄子1个，葱姜末、酱油少许。

做法

1. 里脊肉洗净，剁成泥。

2. 虾仁洗净，剁成末，倒入肉泥中，打入鹌鹑蛋，放入葱姜末，加几滴酱油，搅拌成肉馅，腌制20分钟。

3. 茄子洗净，去皮，切成1厘米的连刀片。

4. 将肉馅夹在茄子片中，摆在盘里，上锅蒸15分钟，再盖着盖儿焖4分钟。

大姐小窍门

1. 切夹刀片时，可以每0.5厘米切一刀，第一刀不要切断，第二刀切到底，依此类推。

2. 也可以将茄合直接放在电饭煲的笼屉上，和米饭一起蒸。茄合的菜汁流到米饭上，米饭也会喷喷香。

胡萝卜炝肝尖

猪肝虽然很有营养，但是颗粒有点粗，略有腥味。胡萝卜的甘甜软糯，可以有效弥补猪肝在味道上的不足。猪肝需要快速爆炒，肉质才更嫩，一旦炒得时间过长，猪肝会变硬，不适合宝宝吃。有的父母为了图省事，就买成品的猪肝给宝宝吃。这种做法是不可取的，成品猪肝含有的盐和添加剂太多，不利于宝宝健康。

食 材

胡萝卜一小段，猪肝50克，葱花少许，油少许。

做 法

1. 胡萝卜洗净，去皮，切成细丝。

2. 猪肝洗净，切成丝，焯水备用。

3. 锅内放少许油，加入葱花煸锅，再加入胡萝卜丝翻炒至软。

4. 加入肝尖继续翻炒几下即可。

大姐小窍门

1. 胡萝卜切得越细越好，这样更容易软烂。

2. 处理猪肝时，先将猪肝浸泡半小时，泡出血水，焯过之后，再用清水浸泡，彻底清除血水。

豆腐太阳花

豆腐本身营养就很丰富，清淡爽口，适合给宝宝做辅食。加了鹌鹑蛋和胡萝卜泥的豆腐，更是增添了胡萝卜素和优质蛋白、氨基酸等，营养更加全面。这道菜还可做成太阳花的造型，色泽清丽，会让宝宝更喜欢吃饭。

食材

豆腐50克，鹌鹑蛋1个，胡萝卜20克，葱末少许，高汤一碗。

做法

1. 胡萝卜洗净，入锅蒸熟，出锅后捣成泥。

2. 豆腐洗净，过热水焯一下。用勺子在豆腐上挖出一个鹌鹑蛋大小的小坑，把一整个鹌鹑蛋倒入小坑中。

3. 将鹌鹑蛋豆腐入锅蒸10分钟左右直至蒸熟出锅。

4. 将胡萝卜泥撒在豆腐周围。

5. 平底锅加少许油、葱末煸锅，加入高汤，制成浓稠的汤汁，浇在豆腐上。

大姐小窍门

1. 豆腐不要切得太厚，在豆腐上挖坑时，尽量挖得浅一点。

2. 在做汤汁时，若没有高汤，可加入少许淀粉勾芡。

肉末焗南瓜

这是一款西式餐点，熟透的南瓜香甜软糯，焗过的芝士，不仅让整道餐点浓香扑鼻，补钙的效果也是一流的。

食材

南瓜200克，里脊肉20克，口蘑2个，洋葱2片，芝士片2片，橄榄油适量。

做法

1. 南瓜洗净，去皮，去瓤，放入蒸锅蒸熟。取出后捣成南瓜泥。

2. 里脊肉洗净，焯水，切成末，控水备用。

3. 口蘑洗净，切成片；洋葱洗净，切成丁。

4. 锅内倒入少量油，油热后放入洋葱丁翻炒至出香；倒入口蘑片，翻炒至软；再加入肉末翻炒，直到炒熟。

5. 将南瓜泥放入烤盘，平铺最下层；再将炒好的菜和肉末平铺在第二层；最上面铺上芝士片。

6. 放入预热好的烤箱上层，200℃烤制10分钟。

大姐小窍门

1. 选择南瓜时，应选颜色深黄熟透的，比较甜也比较容易做泥。

2. 烤好的焗南瓜不要太凉了才吃，因为芝士热着的时候才最香软。

清蒸鲳鱼

鲳鱼具有丰富的营养价值，是很好的蛋白质来源。鱼肉还含有俗称"脑黄金"的DHA，而DHA对人脑发育及智能发展有极大的助益，也是神经系统成长不可或缺的养分。一般深海的鱼类所含的DHA相对较多。

食材

鲳鱼1条，葱丝、姜丝、黑麻油少许。

做法

1. 鲳鱼去腮，去内脏，洗净，控水备用。将鲳鱼的两面各划上十字花。

2. 将鲳鱼放入盘中，撒上姜丝和葱丝。

3. 锅内的水烧开后，放入盛有鲳鱼的盘子蒸6分钟，关火焖3分钟。

4. 蒸好的鲳鱼出锅后，滴上几滴黑麻油即可。

大姐小窍门

1. 鲳鱼蒸之前两面要划十字花，这样易熟，也方便每次取一小块无刺的鱼肉喂宝宝。

2. 蒸的时候，盘子里先放入两三段葱段，上面再放鱼，这样鱼下面有热汽流通，熟得更均匀。

3. 一定掌握好蒸鲳鱼的时间，如果时间太长，鱼肉容易腥而且肉质会发硬。

五彩炒饭

混合了各种蔬菜的米饭,营养全面;五颜六色,也能激发宝宝的兴趣。

食材

大米50克,香菇1朵,胡萝卜10克,小油菜叶10克,鸡蛋1个,葱末少许。

做法

1. 大米淘洗干净,加入清水,蒸成软米饭,晾凉备用。

2. 香菇去根,洗净,攥干,切成丁。

3. 小油菜叶洗净,焯水,剁碎。

4. 胡萝卜洗净,去皮,切小丁。

5. 锅内加少许油,放入葱末,再将鸡蛋炒散,盛碗备用。

6. 锅内加少许油,放入胡萝卜丁炒熟,再放入香菇丁、小油菜末翻炒,最后放入软米饭、鸡蛋,翻炒出锅即可。

大姐小窍门

1. 炒米饭时,可根据家里的现有食材搭配,如黄瓜、土豆、青椒、西红柿、卷心菜等。

2. 炒鸡蛋时,要在油温还不太高时,就下入鸡蛋液,不停地搅拌,这样炒出的鸡蛋更嫩更碎。

枣泥发糕

粗细粮搭配，营养更丰富。常用的就是小米面和玉米面，当然也可以根据家庭的口味，换成大米面或者糯米面。大枣、葡萄干都有补铁、补气血的作用，对宝宝身体发育很有益处。但是枣皮不好消化，葡萄干太硬，给宝宝吃时，要提前处理好。

食材

小米面100克，玉米面100克，面粉200克，红枣6个，葡萄干15粒，酵母2克。

做法

1. 先将红枣洗净、蒸熟，去皮去核。葡萄干洗净，用水浸泡至发软，切碎。

2. 将小米面、玉米面、面粉混合，加入酵母水，再加入处理好的枣泥和葡萄干碎末，和成软硬适度的面团。

3. 将面团放入容器中压平，饧发至三倍大。

4. 用筷子在发酵好的面上扎孔。上锅蒸，大火开锅上汽后，转中火蒸30分钟。熟后倒出来切块即可。

大姐小窍门

1. 大枣蒸过之后更容易去皮去核。葡萄干要尽量切得碎一些，避免卡到宝宝。

2. 放入面团之前，在容器中均匀地抹上少许油。

3. 面要和得软一些，面团饧发要大一些，再放入蒸锅。这样蒸出的发糕更加松软。

奶香玉米饼

这道面食最大的特点就是有一层薄薄的金黄色的外皮，软硬适度，外酥里嫩，很适合正在长牙的宝宝，促进牙齿的萌发，锻炼咀嚼能力。宝宝们吃起来咯吱咯吱的，越嚼越带劲儿。

食 材

面粉50克，玉米面100克，奶粉15克，酵母2克，鸡蛋2个。

做 法

1. 将面粉、玉米面和奶粉混合在一起；再将打碎的鸡蛋、温水和匀的酵母加入其中。

2. 加入适量清水，顺时针搅拌成糊状，饧发半小时。

4. 在平底锅中刷上一层油，然后用勺子舀一勺糊糊，轻轻倒入平底锅内，摊成圆形。

5. 小火烘焙，至单面金黄，翻过来烘另一面，直到两面都变成金黄色。

大姐小窍门

1. 糊糊调得不要太稀，以免煎出的小饼不成形，没有软芯。

2. 摊饼子的时候，锅不要太热，一定要小火慢煎，避免煳锅。

刺猬豆沙包

香香甜甜的豆沙包是宝宝们都喜欢吃的一道面食，可以当主食，也可以作为小甜点给宝宝换换口味。而且自制的红豆馅没有添加剂，营养又健康。大多数宝宝看到小刺猬的时候，都非常兴奋，能比平时多吃一点。

＊扫图片，看视频，学做宝宝营养餐

食材

红豆200克，大枣8颗，面粉500克，酵母粉2克，食用油少许。

做法

1. 前一晚将红豆泡上，第二天使用。大枣洗净，煮熟，去皮去核备用。

2. 红豆放入高压锅中，加水煮熟。留下几个完整的作小刺猬的眼睛，剩下的煮烂。

3. 将煮熟的红豆捣碎，放入枣泥，滴几滴油拌匀，这样红豆馅就做好了。

4. 面粉中加入酵母粉，再加入适量的水和面，揉成面团，盖上纱布或者保鲜膜，发酵至两倍大。

5. 将面团分成均匀的等份，擀成中间厚周边薄的面皮，中间放上红豆馅，收口朝下。

6. 将每个包好的豆沙包，用剪子剪出小刺猬的样子。用之前留的小红豆做眼睛。

7. 将豆沙包饧发20分钟，至表皮稍微蓬松；上锅中火蒸制，开锅后12分钟左右即可。

大姐小窍门

1. 煮豆馅时，红豆和水的比例是1：15。若煮出的豆馅有汤，可用漏勺控水，或者入锅小火熬干水分。若没有高压锅，用普通锅煮也可以，煮到没有汤汁，注意不要糊锅。

2. 豆沙包上锅之前，最好在蒸笼上垫上一层笼布，或者刷上薄薄的一层油，这样不容易粘锅。

3. 一次做出来的豆沙包吃不完，可以装入保鲜袋冷冻保存，吃的时候取出来蒸热。如果晾在外面，小刺猬的刺和豆包皮都容易变硬，宝宝就没法吃了。

4. 夏季可用绿豆做成绿豆沙包，做法相同。

木耳瘦肉粥

这款粥和广受欢迎的皮蛋瘦肉粥有异曲同工之妙,但皮蛋含铅量太高,不适合宝宝食用,因此,我们以木耳代替。木耳有清肠的作用,可以把残存在肠胃里的杂质吸附起来,排出体外。还能帮助溶解一些难消化的东西,堪称"胃肠清道夫"。

食 材

大米50克,木耳2朵,里脊肉30克,虾皮粉、葱花、油少许。

做 法

1. 大米淘净,入电饭煲煮成粥。

2. 木耳泡发,洗净,切成碎末;里脊肉洗净,切成末。

3. 锅内放少许油,油热后,放入葱花煸锅,再放入肉末、木耳翻炒。

4. 将翻炒好的肉末、木耳末倒入熬好的粥中,再放入虾皮粉继续熬制。

5. 出锅时加几滴黑麻油。

大姐小窍门

1. 也可以煸炒完肉末、木耳末之后,加入水,放入大米,倒入电饭锅直接熬粥。

2. 煮粥时,尽量煮得黏稠一些,不要有太多清汤。

＊扫图片,看视频,学做宝宝营养餐

香蕉火龙果奶昔

这道饮品制作非常简单,香蕉、火龙果都是很容易处理的水果。火龙果有预防便秘、保护眼睛、防治贫血的作用。而香蕉也是润肠的水果,对便秘的宝宝非常有帮助。

香蕉半根,火龙果1/5个,奶粉冲水120毫升。

大姐小窍门

1. 香蕉去掉两头的硬结,取中间使用。

2. 挑选火龙果时,先看表皮,表皮越红越成熟。用手掂掂重量,越重说明水分越多,果肉越丰满。红瓤的火龙果比白瓤的花青素含量高一些。

做 法

1. 香蕉去皮切成块,放入料理机中。

2. 火龙果去皮,也放入料理机。

3. 倒入冲好的奶,开机搅拌一分钟即可。

11个月宝宝一周食谱参考表

星期	7:00	9:30	12:00	15:00	18:00	21:00
一	奶＋蒸包	苹果	五彩炒饭+紫菜蛋汤	红豆水	番茄牛肉面	母乳或配方奶
二	奶＋菠菜鸡蛋面	香蕉	发糕+清蒸鲳鱼+小白菜豆腐汤	银耳莲子羹	小馄饨	母乳或配方奶
三	奶＋蒸蛋羹	木瓜	花卷+金针肉末+大米南瓜粥	水果奶昔	鸡蛋小米粥	母乳或配方奶
四	奶＋什锦馅饼	西红柿	奶香玉米饼+肉末蒸茄盒+菠菜鸡蛋汤	白萝卜水	五谷米糊	母乳或配方奶
五	奶＋蛋糕	火龙果	麻汁面卷+肉末焖南瓜+紫菜蛋花汤	坚果浆	木耳瘦肉粥	母乳或配方奶
六	奶＋红豆包	梨	馒头+豆腐太阳花+五谷米糊	苹果水	三鲜蛋羹	母乳或配方奶
日	奶＋枣泥发糕	甜橙	西葫蛋饼+胡萝卜焓肝尖+冬瓜虾皮汤	山楂水	虾皮冬瓜面片	母乳或配方奶

七、12～18个月，小块状的食物也能吃

这个阶段宝宝逐渐能用小饭勺吃饭，用小杯子喝水，自己端着小碗喝汤了。家长们千万不要因为宝宝洒得到处都是而不让宝宝自己进食，嫌麻烦就无法锻炼宝宝自己吃饭。这个阶段是锻炼宝宝吃饭的好机会，一旦错过了，很难再激发宝宝自己吃饭的欲望。

这个阶段宝宝的好奇心、探索力以及求知欲都非常强烈。大多数宝宝在这个阶段已经会走了，在家里的时候，转来转去对什么都感兴趣。有时候他们对生活用品的兴趣比玩具还大，甚至一个废弃的小瓶盖也能让宝宝爱不释手地玩半天。宝宝运动能力提高了，同时危险系数也加大了。很多家长过度保护宝宝，这不让动那不让动，严重扼杀了宝宝的探索力和潜能开发。像厨房这样的地方，只要大人做好防范措施，比如电源口上插上安全保护套，微波炉、冰箱门上安装保护器，玻璃、陶瓷制品放到宝宝够不到的地方，热锅热汤都放在不易洒出且宝宝碰不到的地方，就可以允许宝宝进厨房。宝宝看到大人们做饭，闻着饭菜的香味，听着锅碗瓢盆叮叮当当的声音，对吃饭更有欲望。

本阶段宝宝喂养注意事项

（1）12～18个月的宝宝被称为"离乳儿"，很多吃母乳的宝宝在这个阶段断奶了。1岁以上的宝宝可以喝鲜牛奶，但由于配方奶粉的配方科学合理，营养全面，所以比牛奶更适合代替母乳。

（2）宝宝每天至少应该吃10种以上的食物，包括各种粮食、肉蛋、蔬菜、水果和奶。粮食提供宝宝生长发育所需的能量和B族维生素，肉蛋提供蛋白质和脂肪，蔬菜水果提供维生素和膳食纤维。每天摄取最多的应该是粮食，其次是蔬菜、水果，最后是肉蛋，这就是人们常说的膳食结构金字塔。

（3）虽然宝宝已经一岁了，但是饮食上还是要坚持少油、少盐、少糖、少调料的原则。很多家长为了让孩子多吃饭，就把饭菜做得味道很重，这样对宝宝的健康没有好处。

（4）膳食要均衡，不能认为好的就给宝宝多吃，认为不好的就一点儿不给宝宝吃。比如，大家都知道菠菜含铁量比较高，就认为菠菜是补血佳品，但家长们并不知道，其实肠道对菠菜中铁的吸收率很低。反倒是鱼、肉、肝类、芹菜、红枣、香蕉、桃子、核桃这些富含铁的食物更容易吸收。再比如，很多家长认为绝对不能给宝宝吃糖，其实在宝宝大量活动后或者外出游玩时，吃一点含糖的食物，会迅速纠正低血糖症状，对宝宝身体有益，还能让宝宝情绪高涨。

（5）饭前、饭后和吃饭的时候不要给宝宝喝水。喝水会冲淡胃里的消化液，减弱消化能力，尤其是对消化功能还不是很完善的宝宝来说更不利。饭前、饭后半小时最好不要喝水。

（6）对宝宝来说，吸吮的能力是天生的，咀嚼和吞咽的能力却需要训练。如果这个时候宝宝还是不加咀嚼就直接吞咽，家长要多给宝宝吃固体的食物，还要耐心地教给宝宝咀嚼，及时纠正，以免错过学习咀嚼的黄金期。

（7）这个阶段的宝宝一般是一日三餐，外加两顿加餐（水果、坚果、点心、酸奶等），再加一定量的奶。

专家点评

1～1.5岁的宝宝生长发育较快，能量需求每日为800～1000千卡，蛋白质为25克，每日应保证母乳或配方奶400～500毫升。为防止贫血，应充分考虑满足能量需要，增加优质蛋白质的摄入，以保证宝宝生长发育的需要；增加铁质的供应，以避免铁缺乏和缺铁性贫血的发生。鱼类脂肪有利于宝宝神经系统发育，可适当选用鱼虾类食物，尤其是海鱼类。应每月选用猪肝75克（一两半），或鸡肝50克（一两），或羊肝25克，做成肝泥，分次食用，以增加维生素A的摄入量。

12～18个月宝宝食谱

牡蛎肉末

很多家长都喜欢买一些补锌的保健品给宝宝食用，其实最好的营养获取途径是平时的饮食。在所有动物性食物中，牡蛎的含锌量很高，是公认的补锌佳品。除了锌含量高以外，牡蛎还含有丰富的钙和磷。

食材

牡蛎3个，里脊肉20克，绿豆粉丝、葱姜末、蚝油、淀粉少许，油少许。

做法

1. 将牡蛎洗干净，撬开，留下带肉的一半壳。

2. 里脊肉洗净，切成细末；粉丝用温水泡开，切成小段。

3. 将里脊末、粉丝段放入带肉的牡蛎壳中，上锅，开锅5分钟即可。

4. 在炒锅中放少许油，加入葱姜末煸锅，再滴几滴蚝油，加入淀粉勾芡成黏稠的汤汁，浇到蒸好的牡蛎中。

大姐小窍门

1. 撬开牡蛎壳后，可用铁勺剔下粘在壳上的牡蛎肉。

2. 蒸牡蛎时，千万不要时间过长，以免牡蛎肉过硬，缩得很小，不便食用。

鲜蔬虾仁

橙、绿、红三色聚在一起，颜色非常鲜艳，味道爽脆可口。虾仁有强筋壮骨、化痰止咳的作用，加上黄瓜与炒过的胡萝卜，营养也很丰富。

食材

虾仁50克，黄瓜半根，胡萝卜一小段，鸡蛋1个，淀粉、葱丝、姜末、油少许，黑麻油几滴。

做法

1. 黄瓜、胡萝卜洗净，切片备用。
2. 鸡蛋磕开，蛋黄、蛋清分离。将虾仁放入蛋清中，抓匀。
3. 锅内放油，油温热时，倒入虾仁翻炒至虾仁变色，盛出备用。
4. 锅内放油，油热时，放入葱姜煸锅。倒入胡萝卜片翻炒至软。
5. 放入黄瓜片翻炒几下后，加入少量盐，再放入虾仁翻炒几下，淀粉勾芡，滴上几滴黑麻油出锅。

大姐小窍门

1. 虾仁裹上少许蛋清煸炒，炒出的虾仁更嫩，能保留虾的鲜味。
2. 炒虾仁一定要注意不能用太热的油，油温过高虾仁炒出来太硬，还容易粘锅。
3. 剩下的蛋黄可以在炒其他的菜时用，也可以把蛋黄摊成小薄饼，切成丝，一起炒在这道菜里。

红白豆腐

动物血能补铁、补血，有利于宝宝生长发育，并能预防缺铁性贫血。在平常食用的动物血中，鸭血比较细嫩，容易消化，还具有清热解毒的作用。只是要注意，要通过正规渠道购买，注意卫生。

食 材

豆腐100克，鸭血100克，青椒半个，葱姜丝、淀粉、蚝油、油少许。

做 法

1. 豆腐洗净，切成小块，焯水，控水备用；青椒洗净切成丁。

2. 鸭血洗净，切成块，焯水，控水备用。

3. 在锅内倒入油，油热后，加入葱姜丝煸锅，将豆腐块和鸭血块倒入翻炒。

4. 放入青椒丝，继续翻炒，滴入几滴蚝油，加少许水盖锅盖小火慢炖一会儿。

5. 起锅前淀粉勾芡，开锅即可。

大姐小窍门

1. 不要选内酯豆腐，选用普通豆腐不容易碎。

2. 很多动物血里面含有细菌，做这道菜时，一定注意多炖会儿，炖透炖熟。

3. 在给豆腐和鸭血焯水时，将这两样放在漏勺里再入热水中，直接放入锅中不易捞起。

清蒸龙利鱼

很多宝宝喜欢吃鱼，一到吃鱼的时候就兴奋。有个叫小喜乐的宝宝，在这个阶段开始学说话，说的第一个字就是"鱼"，每次坐在餐桌前看见端上来的是鱼，就会手舞足蹈地喊"鱼、鱼、鱼"。小喜乐爱吃鱼，我就变着花给他做鱼吃。龙利鱼就是个不错的选择，龙利鱼俗称"舌头鱼"，刺很少，肉质鲜嫩，是种非常优质的海鱼，对增强记忆力、保护眼睛非常有好处，龙利鱼又被称为"护眼鱼肉"。

食材

龙利鱼300克，柠檬1/4个，葱姜丝少许，黑麻油少许。

做法

1. 龙利鱼肉洗干净，切成4厘米长的段，放少许盐腌制10分钟。
2. 在盘子下部铺上少量葱姜丝，放上龙利鱼段，再在鱼身上挤上一点柠檬汁。
3. 锅内水烧开后，放上龙利鱼段，蒸7分钟。
4. 出锅时，滴几滴黑麻油。

大姐小窍门

1. 龙利鱼可以买成条的，也可以买超市里的冷冻鱼柳。成条的龙利鱼鱼鳞小而密，不容易处理。在处理时，可以从尾部轻轻揭起鱼皮，然后整张撕下，这样就不用再单独去鳞。给宝宝吃时，注意把刺去掉。直接购买冻鱼柳更方便一些。

2. 龙利鱼本身没有太大的鱼腥味，给宝宝做着吃不用放太多豆豉油、料酒、生抽之类的调料。让宝宝吃到鱼本身又鲜又嫩的原味，宝宝会更喜欢。

素三样

食材

莴苣100克，山药100克，木耳3朵，蚝油少许，葱姜丝少许。

做法

1. 莴苣洗干净，去皮，再洗一下，切成薄片。

2. 山药洗净，去皮，切成小片，大小如莴苣片，焯水备用。

3. 木耳泡发，洗净，去掉根部的蒂，焯水后，切成丝。

4. 锅内放油，油热后放入葱姜丝煸锅。然后放入莴苣片翻炒。

5. 翻炒一会儿后放入山药片翻炒，最后放入木耳丝翻炒。

6. 出锅前滴少许蚝油翻炒均匀即可。

大姐小窍门

1. 购买山药时要注意，不要选择横断面发黄或发黑的山药，这样的山药切开后颜色很快就会发暗。应该选择断面洁白的山药。

2. 炒山药时，可加一点儿水。但要控制好水量，少了会粘锅，多了菜就变得水沥沥的不好吃了。

3. 切片时，无论是山药还是莴苣，先斜刀切成寸段，再将断面放平，横切之后，就变成了菱形薄片。

芦笋鸡肉丝

芦笋是世界十大名菜之一，在国际市场上享有"蔬菜之王"的美称。芦笋不但有鲜美芳香的味道，更有大量的膳食纤维，柔软可口，能增进食欲，帮助消化。

食材

芦笋150克，鸡肉50克，葱姜丝、淀粉、盐少许。

大姐小窍门

1. 选择芦笋时，要选择比较嫩的。笋尖小、不分支的芦笋更嫩一些。老一些的芦笋，纤维太多不易嚼烂。如果不小心买到了老一些的芦笋，建议把根部太老的部分去掉，削掉外皮。

2. 鸡肉丝和芦笋一开始要分开炒，这样比较容易掌握火候。

3. "竖切牛羊，横切鸡"，鸡肉较嫩，切鸡肉丝时，要顺着鸡肉纤维的走向切丝，这样肉不易碎。

做法

1. 芦笋洗净，去掉老根，斜刀切成片，焯水。

2. 鸡肉洗净，切成细丝，放入淀粉抓匀。

3. 锅内倒少许油，放入葱姜丝煸锅，放入鸡肉丝翻炒，至鸡肉发白。

4. 倒入芦笋，继续翻炒几下后，放入微量的盐，翻炒均匀出锅即可。

蔬果酸奶沙拉

食材

西瓜球5个,苹果1/4个,哈密瓜一小块,火龙果1/4个,黄瓜一小段,小红果3个,生菜叶2片,酸奶200毫升,沙拉酱适量。

做法

1. 所有蔬果洗干净备用。

2. 西瓜可切小块,也可以用挖球勺挖成小圆球。苹果、哈密瓜、火龙果去皮切成小块。黄瓜去皮,切半圆片。

3. 将所有蔬果混合在一起,倒入酸奶,再加上沙拉酱拌匀。

4. 在碗底层铺上生菜叶,倒入拌好的蔬果。

大姐小窍门

1. 拌蔬果时不要用勺子等器具搅拌,这样容易把西瓜、火龙果等水果块搅烂。最好用颠碗的方式混合均匀。

2. 沙拉要现做现吃,水果都含有丰富的维生素,切开时间长了,容易氧化。

三丁盖浇饭

荤素搭配的三丁,含有多种营养。热汤汁浇到米饭上,香味渗入米饭,米饭格外香,菜饭混合宝宝吃起来也方便。

食 材

熟米饭,火腿,胡萝卜一小段,豌豆一小把,鲜虾仁6个,葱姜汁、香油、油、生抽少许。

做 法

1. 将胡萝卜洗干净,切成豌豆大小的丁。
2. 火腿也切成豌豆大小的丁。
3. 锅内放少许油,油热后,放入胡萝卜煸炒。
4. 胡萝卜翻炒至半熟后,放入豌豆和火腿丁翻炒,炒至快熟时,加入虾仁翻炒几下。
5. 放入葱姜汁、生抽,加入少许水,继续翻炒至虾仁变色即可。
6. 出锅时,将炒好的带少量汤汁的三丁浇到熟米饭上。

*扫图片,看视频,学做宝宝营养餐

大姐小窍门

1. 火腿购买时尽量买全肉的,少量购买。
2. 如果没有虾仁,也可以不放。
3. 如果没有豌豆,可以用小段黄瓜或土豆切丁。

排骨胡萝卜山药粥

排骨、胡萝卜和山药的营养都非常丰富。胡萝卜利便,山药补气,尤其是在冬天,这是一道非常养人的粥。

食 材

大米50克,排骨2块,胡萝卜一段,山药一段,姜丝、葱花、盐少许。

做 法

1. 排骨洗净,焯水。用姜丝和盐揉搓排骨,腌制20分钟。

2. 葱姜炝锅,将排骨放入锅中翻炒均匀,加水煮熟。煮熟后加入大米。

3. 胡萝卜、山药洗净,去皮切块,一起倒入锅中。

4. 开锅后转小火煮30分钟。

5. 出锅时,滴上两滴黑麻油。

大姐小窍门

1. 煮排骨时,应多加水,以保证排骨汤足够熬粥,中途不需再加水。放米时若再加入凉水,肉质会发硬,口感不好。

2. 选排骨时要选择小肋排。煮排骨时,如肉缩到中间,两头骨头露出,说明排骨已经熟了。也可以用筷子插一下排骨肉,若易插透就是熟了。

3. 山药易致过敏,去皮处理时:①可戴手套;②手臂上可抹上油;③可先将没有处理的山药用开水烫一下。

罗宋汤

这款汤用到的蔬菜非常多，很有营养。由于用了西红柿和番茄酱，这款汤略带酸头儿，又酸中带甜，甜中带香，爽口开胃。

*扫图片，看视频，学做宝宝营养餐

食 材

卷心菜叶一片，胡萝卜一小段，土豆1/4个，西红柿半个，洋葱两个半片，嫩牛肉100克，红肠一小段，淀粉5克，油、盐、糖少许，番茄酱少许。

做 法

1. 牛肉洗净，切成小丁，焯一下，去除血沫。

2. 热水中放入葱姜丝，再放入牛肉炖汤40分钟。

3. 蔬菜洗干净，胡萝卜、土豆、西红柿去皮切成小块，洋葱切成短丝。卷心菜焯水，切丝。淀粉兑水和匀。

4. 在炒锅内放入油，油热后葱姜丝煸锅，然后放入胡萝卜块、西红柿块，翻炒至西红柿成酱状，放入切薄片的红肠，炒香。

5. 随后放入土豆块、洋葱，翻炒后，加入番茄酱翻炒。

6. 将以上翻炒过的材料一起倒入牛肉汤里继续小火熬制10分钟，放入切成细丝的卷心菜。

7. 将淀粉水倒入锅中勾芡，加微量盐搅匀，开锅即可。

大姐小窍门

1. 卷心菜在起锅前放入，这样卷心菜还会保留脆香，不会被煮得过烂。

2. 选牛肉时可选用牛里脊或条脊，比较细嫩易熟，好咀嚼。若选用高压锅煮牛肉，则15分钟即可。

干果小饼干

这是一款非常实用的小点心，做好存储起来，出门在外，带着充饥非常方便。硬度适中的小饼干对宝宝磨牙也非常有好处。

食材

低筋面粉200克，核桃仁30克，葵花子仁20克，黄油100克，葡萄干50克（或者蔓越莓干50克），鸡蛋1个，糖50克，盐2克，泡打粉5克。

做法

1. 核桃仁、葵花子仁打成粉。

2. 黄油室温软化，加入砂糖打发，使黄油和糖充分融合。

3. 面粉过筛入盆，将核桃粉、葵花仁粉、葡萄干、糖、盐、泡打粉混入其中，混合均匀。

4. 鸡蛋打散，3/4倒入面粉中，均匀搅拌，和成面团。

5. 把面团揉成长条形，放入烤盘，表面刷一层鸡蛋液。放入烤箱中层，180℃烤40分钟左右，烤至表面金黄即可。

6. 把烤好的长面团拿出来，切成7毫米左右厚的薄片。

7. 把切好的薄片放入带油纸的烤盘中，135℃继续烤30分钟，直至水分烤干。

大姐小窍门

1. 坚果可以依据自己的口味选择，比如喜欢杏仁的可替换成杏仁，喜欢夏威夷果的可替换成夏威夷果。但给宝宝吃都要打碎。

2. 黄油一般都是冷藏保存，室温融化黄油时，可以把盛有黄油的容器放在一碗热水里，这样融化得更快一些。

3. 做好的饼干，吃不了的用盒子密封起来，不然容易受潮，影响口感。

12～18个月宝宝一周食谱参考表

星期	6：00-8：00	10：00	12：00	15：00-	18：00	21：00
一	奶+什锦蛋饼	苹果	奶香玉米饼+罗宋汤	红枣水	素饺子+紫菜蛋花汤	母乳或配方奶
二	奶+西红柿鸡蛋面	草莓	馒头+红白豆腐+鲫鱼汤	坚果浆	木耳瘦肉粥+素三样	母乳或配方奶
三	奶+三鲜小蒸包	香蕉奶昔	发糕+牡蛎肉末+排骨胡萝卜山药粥	梨水	时蔬疙瘩汤	母乳或配方奶
四	奶+五彩炒饭	无花果	枣泥发糕+芦笋鸡肉丝+玉米面南瓜粥	萝卜水	八宝粥+清蒸龙利鱼	母乳或配方奶
五	奶+豆沙包	木瓜	软米饭+肉末蒸茄合+猪肝菠菜粥	银耳莲子羹	黄瓜虾仁鸡蛋面	母乳或配方奶
六	奶+菜肉小馄饨	蔬果酸奶沙拉	蛋包西葫+黑米糊+发糕	芝麻豆浆	三鲜包+双米粥	母乳或配方奶
日	奶+鸡蛋羹	哈密瓜	三丁盖浇饭+菠菜肉丝汤	山楂水	营养米糊+鲜疏虾仁	母乳或配方奶

八、1.5～3岁，向成人的饭菜迈进

本阶段宝宝特点

这个阶段宝宝的大运动能力、精细动作能力、体能发育都有了突飞猛进的发展。这时候要增加宝宝的运动量，多活动，宝宝才能吃得好睡得香。

很多宝宝在这个阶段可以和家人坐在一起独立进餐了，大人们只需要在一旁协助就可以。

对于已经会说话的宝宝，大人可以问宝宝："今天吃的什么菜？"即便宝宝回答不出来，也可以激发他思考，然后教给宝宝今天我们吃的是什么。甚至可以在饭前问宝宝："宝宝这顿饭想吃什么啊？"让宝宝点菜，即便宝宝还不会，也会让他意识到这是他自己做的选择，激发他吃饭的兴趣。

本阶段宝宝喂养注意事项

（1）一日三餐要有规律，消化系统才不会有负担，从而很好地发挥作用。

（2）宝宝吃的种类多了，每顿饭荤素、粗细、干稀一定要合理搭配。肉、蛋、豆制品富含蛋白质、脂肪，但不易消化，如果吃多了，到了下顿饭的时间宝宝还不饿，就没有食欲，吃不好。粗粮、蔬菜、水果吃得少，就容易引起便秘。

（3）宝宝吃零食不可避免，比如小朋友们一起在院子里玩，很多家长都带了零食分给其他宝宝吃，大人们不带不分享也不好意思，于是也买来很多零食来分享。宝宝们总是这家吃点儿，那家吃点儿，不小心就吃多了。零食吃多了肯定会影响正常吃饭，所以一定要控制好量，多带点水果类的零食，正餐前1个小时不要给宝宝吃零食，喝饮料。

（4）随着宝宝年龄的增长，消化能力也增强了，给宝宝做饭时，就要注意多做些粗、硬、整的食物，对宝宝发育才更有益。

（5）宝宝要少吃盐，但不代表不吃盐。有些家长掌握不好盐的量，给宝宝做饭干脆不放盐，这是不对的，宝宝们很快就吃"伤"了，没滋味的饭谁都不愿意吃。家长们给宝宝做饭，要适量放少许盐，激发出菜的鲜味。

（6）这个阶段仍然要给宝宝吃奶类食品，建议每天喝200毫升以上的配方奶或鲜奶，也可以喝酸奶，或者吃一两片奶酪代替配方奶。

（7）宝宝和大人一起吃饭时，不要给宝宝消极的信号。比如妈妈端上了菜，爸爸说："怎么今天吃这个，我最不喜欢吃了。"虽然是无意的话，也会给宝宝造成暗示，宝宝会排斥这种食物。这就是为什么很多大人不喜欢吃的东西，宝宝也不喜欢吃。

（8）有些宝宝吃饭特别慢，有的甚至一顿饭能吃1～2个小时，不仅把大人们的耐心拖没了，也挤掉了户外活动的时间。要缩短吃饭时间，首先吃饭的时候不能做其他的事情，比如看电视、玩玩具。再就是不能让宝宝离开餐桌。如果宝宝没在半小时内吃完饭，就视为宝宝不饿，不要延长吃饭的时间，把饭端走，不要让宝宝认为，饿了就可以随时吃。这顿饭就是这顿饭，过了时间就没了，要一直等到下顿饭才能吃。

　　这一阶段随着宝宝活动量日益增多，宝宝的营养需求比以前有了较大的提高，每天所需的总热量达到1000～1250千卡，蛋白质25～30克。由于胃容量的增加和消化能力的完善，宝宝每餐的量应适当增多。这个阶段宝宝钙的适宜摄入量为600毫克／天，因此最好能多吃含钙高的食品，每天还要保证一定时间的日照。

鱼蛋饼

海鱼尤其是深海鱼对宝宝健康非常有益，这款辅食可以选用鳕鱼，也可以选用鲳鱼、舌头鱼、黄花鱼等其他深海鱼。深海鱼富含DHA和牛磺酸，对大脑发育和保护眼睛都有好处。

食材

鳕鱼100克，鸡蛋1个，面粉适量，葱丝少许，番茄酱10克。

做法

1. 鳕鱼洗净，切开，将葱丝洒在鳕鱼上。

2. 将鳕鱼上锅蒸5分钟至熟，放入碗内挑去刺，控去水，捣成鱼泥。

3. 鸡蛋放入碗中，打碎，加入鱼泥和少许面粉搅拌成很稠的糊，团成一个个小团，压成小饼。

4. 锅内放入少许油，油热后，将小饼放入锅内，两面煎黄。

5. 出锅后，盛盘蘸番茄酱食用。

大姐小窍门

1. 蒸鳕鱼前，将鳕鱼顺着鱼骨一切为二再上锅蒸，这样容易熟，又不会蒸老。

2. 如果调制的鱼糊相对较稀，团不成团儿，可用小勺舀到锅里，再用锅铲压成小饼也可。

3. 如果宝宝不喜欢番茄酱，也可以直接吃小饼，或者换成其他喜欢的调料，如沙拉酱、千岛酱都可以。

滑炒里脊丝

这是一道山东的传统名菜，给宝宝做这道菜时，根据宝宝的特点进行了改良。这道菜色泽清亮，口味鲜香，莴苣丝口感爽脆，加了淀粉和蛋清的里脊丝，既软嫩又顺滑。

食材

里脊肉50克，莴苣100克，木耳1朵，鸡蛋1个，淀粉少许，高汤少许，姜丝、油、盐少许。

做法

1. 里脊肉洗净，切成细丝，放在碗里。加入少许油拌匀，再倒入少许淀粉和蛋清抓匀。

2. 锅内放水，烧开后，将里脊丝倒入滑熟，用漏勺捞出备用。

3. 将莴苣洗净，去皮，切丝备用。将洗净泡发好的木耳切细丝备用。

4. 锅内加入少许油，油热后加入姜丝煸锅，倒入莴苣丝、木耳丝翻炒一会儿后，倒入里脊丝，加入适量高汤，再加入少许盐，大火翻炒均匀出锅。

大姐小窍门

1. 里脊丝一定要加入少许淀粉和蛋清，抓匀，这样肉丝会更加滑嫩。
2. 里脊丝中加淀粉时，同时要加几滴油抓匀，这样滑肉丝时容易散开。将里脊丝放入热水后，若还有粘连，可用筷子搅开。
3. 如果没有高汤，也可以用清水代替。

鱼肉烧豆腐

鱼肉和豆腐是最佳搭档。这两种食材混在一起吃，可以取长补短，提高营养价值。更重要的是，豆腐含钙量高，而鱼肉中丰富的维生素D能加强人体对钙的吸收，使补钙效果更好。从味道上讲，豆腐的清香和鱼肉的鲜香合在一起，香味更显厚重。

食 材

鱼肉80克，豆腐150克，葱姜丝少许，淀粉、生抽、油少许。

做 法

1. 鱼肉洗净，去刺，加入少许淀粉和水拌匀，用木槌捣成黏稠有弹性的鱼泥。

2. 豆腐洗净，切成厚一点的块，从中间挖坑，把捣好的鱼泥放入坑中。

3. 锅内放油，油热后放入葱姜丝煸锅，把没馅儿的一面朝下，煎至发黄。

4. 锅内加入少量清水，盖盖儿多煮一会儿，至汤汁微量。

5. 碗内倒入生抽、糖、水拌匀,倒入锅内。

6. 小火煮沸，出锅即可。

大姐小窍门

1. 鱼泥不要用筷子搅拌，而是用小木槌捣，这样砸出来的鱼泥有弹性。

2. 这道菜还可以将鱼豆腐放盘上笼蒸熟，再将调料放入锅中熬制成汁，浇到豆腐上。

3. 这道菜的关键是要掌握好汤汁的量，不要放太多水。

五彩鸡丁

鸡肉比牛肉、猪肉肉质更细，好消化，而且脂肪含量较低。此外，鸡肉也富含宝宝生长所必需的磷、铁、铜、锌，以及营养神经的维生素B_6、维生素B_{12}，保护眼睛的维生素A和促进钙吸收的维生素D等。这道菜不仅色彩丰富，而且多种蔬菜让营养更全面。

食 材

鸡肉100克，洋葱2片，玉米20粒，鲜豌豆10粒，胡萝卜一小段，鸡蛋一个，葱姜汁、盐、淀粉各少许。

做 法

1. 鸡肉去皮，洗净，切成鸡肉丁。
2. 将葱姜汁倒入鸡肉中腌制10分钟后，加入淀粉和蛋清抓匀。
3. 洋葱、胡萝卜洗净，切成小丁备用；玉米、鲜豌豆洗净，焯水备用，
4. 锅内倒入少许油，油热后，倒入洋葱、胡萝卜翻炒，再倒入鸡肉翻炒至白。
5. 倒入玉米粒、鲜豌豆，加入少量水，大火翻炒至熟，放入少许盐，炒匀即可。

大姐小窍门

1. 搭配的食材，也可以根据自己的喜好选择，比如换成香菇、木耳、青椒、黄瓜丁等都可以。

2. 一定记得要先将胡萝卜入锅翻炒，胡萝卜见油后，胡萝卜素更易吸收。

3. 鸡肉加入淀粉和蛋清，炒出来才更爽滑软嫩。

珍珠丸子

糯米吸收了肉里的油，莲藕的清香中和了猪肉的油腻，米香、肉香加清香，让宝宝吃了还想吃。外层裹着的糯米晶莹剔透，莲藕又清脆爽口，一个个滴溜圆的小丸子，连大人也忍不住想要吃上几个。

食 材

猪肉80克，莲藕2片，鲜虾仁2个，鹌鹑蛋2个，糯米适量，青菜叶几片，淀粉、葱姜汁、盐少许。

*扫图片，看视频，学做宝宝营养餐

做 法

1. 糯米泡5小时左右控水备用。
2. 猪肉洗净，剁成肉泥，加上葱姜汁、鹌鹑蛋和少许盐拌匀，腌制20分钟。

3. 莲藕洗干净，去皮，剁碎。
4. 在肉馅中加入藕末和少许淀粉，搅拌均匀以后，团成1元硬币大小的丸子。
5. 将团好的肉丸子放在糯米里滚几下，让肉丸外层沾满糯米。
6. 菜叶铺在盘子底部，将沾满糯米的丸子放在菜叶中，上锅蒸20分钟，熟透即可。

大姐小窍门

1. 如果是有荸荠的季节，也可用荸荠代替莲藕，一样清脆可口，还有润肺的功效。
2. 若使用鸡蛋代替鹌鹑蛋，半个即可。没有糯米可以用大米代替，做法相同。
3. 可以用紫米做成紫米丸子，这时肉馅里可加入少许生抽腌制。

凉拌什锦丝

炎热的夏季，宝宝的食欲会减弱，这时来一道营养丰富的凉拌菜，清脆爽口，非常开胃。最好的粉丝是绿豆做成的，煮时不易烂，有弹性，口感好，绿豆粉丝还有抗菌抑菌、解毒的作用。

食 材

绿豆粉丝20克，鸡蛋一个，胡萝卜一小段，木耳2朵，黄瓜一小段，菠菜芯3棵，盐、凉拌酱油、醋、糖少许，黑麻油几滴。

做 法

1. 粉丝洗净焯透，切成长8厘米左右的段。

2. 菠菜洗净，焯水，切成段；木耳洗净，泡发，焯水后切成丝；胡萝卜洗净，切丝，焯水；黄瓜洗净，切丝。

3. 鸡蛋打散，锅内倒入少许油，摊成小薄饼，切丝备用。

4. 小碗中放入少许凉拌酱油、盐、糖和几滴醋，搅拌均匀。

5. 将所有备好的食材混合在一起，倒入调好的汤汁拌匀，滴入几滴黑麻油即可。

大姐小窍门

1. 在凉拌菜调汁时，加入少许糖可以减弱醋里酸味的刺激性，并能激发出醋香。

2. 粉丝焯水时，时间不要太长，时间过长粉丝会变黏。焯好的粉丝立即用凉开水冲泡，这样粉丝不易黏连。

酱香小排

很多宝宝都喜欢吃肉。肋排肉非常嫩，宝宝们不会嚼不动，也不会嚼不烂就直接吞下去。让宝宝们啃啃排骨还可以锻炼他们的咀嚼能力。

大姐小窍门

1. 用高压锅炖排骨时，水不要漫过排骨。水太多的话，排骨不易入味。若汤汁过多，炖好后可倒入炒锅大火收汁。

2. 如果没有高压锅，用平常的炖锅，做法一样，只是加水时，要比用高压锅多加3倍，大火烧开，小火慢炖一小时左右，直至收汁。起锅时，汤汁已很少了，而且非常黏稠，这才是排骨入味的最佳状态。

食材

猪小排250克，黄豆酱一勺，葱段、姜片、生抽、糖各少许。

做法

1. 猪小排切成小段，洗净，过热水焯一下，去除血沫，洗净备用。

2. 将排骨放入高压锅中，加入葱段、姜片、生抽、糖和黄豆酱。

3. 高压锅中倒入少许水，水量和排骨平齐，按下炖排骨键即可。

冬瓜肉丸

冬瓜的水分多，清凉可口，有消暑解热、利尿消肿的作用。它含有丰富的蛋白质、矿物质和多种维生素，营养全面。冬瓜吃法也是多种多样，既可以炖汤，又可以炒菜。这款冬瓜肉丸既有汤又有菜，非常适合宝宝食用。

食材

冬瓜150克，里脊肉80克，淀粉5克，鹌鹑蛋2个，葱姜汁、麻油、盐少许，花生油适量。

做法

1. 里脊肉洗净，剁成肉馅。

2. 在剁好的肉馅里，加入葱姜汁和鹌鹑蛋，滴入几滴花生油，顺时针搅拌，腌制15分钟。再加入淀粉和少许盐搅拌均匀。

3. 冬瓜洗净，去皮，切成薄片。

4. 锅内放油，油热后放入冬瓜片翻炒，加入少量凉水。

5. 用小勺将肉馅团成小丸子，下入锅内。

6. 盖盖儿开锅后转中火3分钟，出锅时滴几滴麻油。

大姐小窍门

1. 汆丸子时，可以直接用手攥住肉馅，从虎口处挤出小丸子。

2. 搅肉馅时，如果没有鹌鹑蛋，也可以用1/3个鸡蛋。

3. 若宝宝不喜欢吃葱姜末，也可以做成葱姜汁放入肉馅。做法是：把葱姜末放入碗中，加入少许凉开水，泡15分钟，用纱布或过滤网滤出葱姜汁即可。

红烧黄花鱼

黄花鱼肉质鲜嫩柔软，易于消化吸收，还没有乱刺，给宝宝吃美味又安全。黄花鱼蛋白质含量丰富，钙、磷、铁、碘的含量也都非常高，对宝宝生长发育非常有好处。

食材

黄花鱼一条，葱姜丝、蒜末少许，糖、生抽、醋少许。

做法

1. 黄花鱼去鳞，去除内脏和鳃，洗净，在鱼身两侧切斜刀备用。

2. 将葱姜丝洒在黄花鱼表面和鱼肚里，腌制10分钟。

3. 锅内倒入少许油，油热后，放入黄花鱼，中火煎制鱼身两面。

4. 倒入生抽、醋、糖，加入少量水，盖盖儿中火炖5分钟。

5. 小火煮至汤汁黏稠时，撒入少许蒜末，关火即可。

大姐小窍门

1. 购买黄花鱼时，鱼鳃颜色发红鲜亮、鱼眼鲜亮的是新鲜的鱼；反之，鱼腮颜色暗淡、眼睛内陷混沌的鱼不新鲜。

2. 黄花鱼下锅之前，一定要控干水分，如果有条件，可用厨房纸巾将鱼表面的水吸干。这样入锅煎时，不易粘锅掉皮，也不会热油四溅。

3. 若炒锅容易粘锅，也可在放油之前，用生姜片先将锅内擦一遍，以防粘锅。

4. 煎黄花鱼的时候，注意火候，不要不停翻动，黄花鱼比较嫩，特别容易弄碎。

生菜包肉卷

食材

牛肉150克，生菜叶，黄瓜一段，蒜末、圆葱丝、盐少许。

做法

1. 牛肉洗净，控干水，切成非常薄的片。

2. 锅内放入少许油，油微热后，改小火，放入牛肉片，两面煎至七八成熟，放入蒜末和圆葱丝翻炒至熟，撒上少许盐炒匀。

3. 将煎好的牛肉片切成细小的牛肉丁。

4. 黄瓜洗净，去皮，切成丝。

5. 生菜洗净后，用凉开水冲一遍。

6. 生菜内放入牛肉丁和黄瓜丝包成卷。

大姐小窍门

1. 牛肉不要煎太过，否则肉会发死。

2. 生菜叶洗净后最好用凉开水再冲一遍。

3. 炒圆葱时，不要炒太过。这样圆葱丝甜脆，和牛肉丁搭配最适合。

油菜香菇肉丸

通过蒸制，浓香的肉丸里透着胡萝卜的香气，入口绵软。白色的肉丸里点缀着橙色的胡萝卜碎，看上去像一个个漂亮的小绣球。这道菜还融合了香菇的醇香爽滑、油菜的嫩绿清脆，色香味俱全，营养丰富。

* 扫图片，看视频，学做宝宝营养餐

食 材

香菇2个，胡萝卜一小段，油菜2棵，猪里脊100克，鹌鹑蛋1个，葱花、葱姜汁少许，淀粉、油、盐适量。

做 法

1. 香菇、油菜洗净，过热水焯一下。胡萝卜洗净去皮，切下几片，剩余的胡萝卜剁成碎末。

2. 猪里脊肉洗净，剁成泥状。

3. 在肉泥中加入鹌鹑蛋和少许油、葱姜汁和盐搅拌均匀，和成肉馅，腌制20分钟。再加入胡萝卜末和淀粉，顺时针搅匀。

4. 将肉馅团成肉丸，上锅蒸，开锅后蒸10分钟至熟。

5. 锅内放入少许油，油热后放入葱花煸锅，倒入胡萝卜翻炒。

6. 胡萝卜变色后，放入油菜、香菇、肉丸、少许开水和微量盐翻炒均匀，加淀粉勾芡，出锅即可。

大姐小窍门

1. 胡萝卜用不完不要浪费，剁成末和肉泥一起和成馅也非常好，但是要加入适量淀粉，不然肉丸容易散。

2. 如果家里有高汤，用高汤替换开水味道更好。

木瓜蒸银耳

木瓜经过蒸制更加香甜，加上银耳汁的黏稠，入口绵软。银耳有清毒护肝、润肠润肺的作用，含有丰富的维生素D，可以防止钙流失。很多宝宝吃木瓜的时候，发现水果本身也可以当碗用，感觉非常新奇。

食材

银耳几朵，木瓜半个，冰糖少许。

做法

1. 银耳泡发，洗净，去蒂，撕成小片备用。

2. 木瓜洗净，一切为二，挖去籽，放入汤盘中。

3. 将银耳放入木瓜中，再放入少许碎冰糖，上锅蒸，开锅后蒸10分钟即可。

大姐小窍门

1. 如果喜欢蜂蜜，也可以在蒸熟后，加入一勺蜂蜜。

2. 使用冰糖时，要先将冰糖放入蒜窝中捣碎，这样易融化。

3. 选用木瓜时，不要选熟太透的。

海鲜芝士焗饭

芝士就是奶酪，它除了像牛奶一样含有丰富的钙、锌等矿物质以及维生素A、维生素B_2外，还因为是经过发酵作用制成的，所以这些营养成分更容易被人体吸收。大部分宝宝都喜欢芝士的味道，再混合上海鲜、蔬菜和米饭，更是营养又美味。

食 材

米饭1碗，鲜虾仁3个，海蛤5个，洋葱2片，香菇2个，芝士1片，橄榄油少许。

做 法

1. 剥出海蛤肉，洗净剁碎。鲜虾仁洗净。将蛤肉末和虾仁焯水。

2. 将蛤肉和虾仁用料酒和少许盐腌制20分钟。

3. 香菇、洋葱洗净，都切成末。

4. 在米饭中加入少许橄榄油，搅拌均匀，平铺在盘中。

5. 在米饭上撒上一层洋葱末、香菇末；然后铺上一层虾仁和蛤肉末；最后铺上一层撕碎的小芝士块。

6. 包上锡箔纸，放入烤箱，180℃烤制18分钟。

大姐小窍门

1. 先将海鲜去除水分，否则在焗烤时产生水分，影响口感。

2. 海鲜焯水时，只要半分钟就要捞出，否则再经过烤制，海鲜肉质会发硬。

1.5～3岁宝宝一周食谱参考表

星期	早饭	加点	午饭	加点	晚饭
一	奶+鱼蛋饼	木瓜蒸银耳	小馒头+冬瓜肉丸+芝麻糊	红枣水	芝士鸡蛋卷+坚果浆
二	奶+枣泥卷	草莓	发糕+滑炒里脊丝+紫菜鸡蛋汤	山楂水	素三鲜饺子+小米粥
三	奶+糖醋煎蛋	香蕉奶昔	软米饭+鱼肉烧豆腐+玉米粥	梨水	生菜包肉卷+营养米糊
四	奶+小馄饨	猕猴桃	麻汁卷+五彩鸡丁+西红柿鸡蛋汤	萝卜水	山药玉米粥+油菜香菇肉丸
五	奶+海鲜芝士焗饭	木瓜	白玉丸子+凉拌什锦丝+杂粮粥	牛油果烤蛋	虾仁西兰花+面片汤
六	奶+番茄鸡蛋面条	水果沙拉	发糕+酱香小排+青菜粥	蒸苹果	馒头+白菜豆腐+鱼汤
日	奶+菜肉包	哈密瓜	米饭+红烧黄花鱼+罗宋汤	无花果	土豆胡萝卜饼+紫菜鸡蛋汤

第四章
变着花样吃鸡蛋

鸡蛋的营养价值高众所周知，在宝宝成长的过程中，吃得最多的就是鸡蛋。从宝宝辅食添加初期到宝宝上学，甚至长大成人，几乎每天都要吃到鸡蛋。也正是因为鸡蛋吃得多，很多人长大之后不喜欢吃鸡蛋了，这就是大家常说的"吃伤了"。为了避免这一状况，让宝宝对司空见惯的鸡蛋保持兴趣，大姐特别推荐，怎样变着花地吃鸡蛋。

小鸡蛋，大营养

蛋白质

鸡蛋含有丰富的优质蛋白，两个鸡蛋的蛋白质含量大致相当于3两鱼或瘦肉。并且鸡蛋蛋白质的消化率和牛奶、猪肉、牛肉相比也最高。

鸡蛋中蛋氨酸含量特别丰富，而谷类和豆类都缺乏这种人体必需的氨基酸，所以，将鸡蛋与谷类或豆类食品混合食用，营养价值更高。

脂肪

鸡蛋的蛋黄中，脂肪含量高，而且这种脂肪呈乳融状，易被人体吸收。脂肪是宝宝大脑发育的必备营养。

其他微营养素

鸡蛋含有其他重要的微营养素，特别是蛋黄中的铁含量高，维生素A、维生素D和维生素E含量丰富，与脂肪溶解容易被机体吸收。不过，鸡蛋中维生素C的含量比较少，应注意与富含维生素C的食品配合食用，如西红柿炒鸡蛋、青椒炒鸡蛋等。

鸡蛋的添加方法

专家们推荐，对于无过敏史的宝宝从添加辅食开始，就可以吃蛋黄了。但对于过敏体质的宝宝，一开始不要添加鸡蛋，而是添加米粉；晚一些添加蛋黄，一岁之后尝试添加全蛋。

宝宝对鸡蛋过敏，主要是对卵清蛋白过敏，所以要前期先吃少量的蛋黄，逐步适应达到脱敏的目的，适应后再吃全蛋。

无过敏史的宝宝，6~7个月可开始添加鸡蛋黄。8个月以内的宝宝，建议不要吃蛋清。第一次吃蛋黄，用少许水化开1/4个蛋黄，观察宝宝有没有不良反应，这样添加一周后，逐渐增加到半个，适应后逐渐增加到1个蛋黄，也可以用奶或米汁调制。8个月以上的婴儿可以开始食用全蛋。

鸡蛋的做法

一般家庭做鸡蛋，基本就是煮蛋、炒蛋、煎蛋、蒸蛋。对宝宝来说，用油太多并不理想，蒸和煮比较健康。在各种用鸡蛋做的菜中，最有营养的就是鸡蛋羹，蒸鸡蛋也是最好消化的，特别适合老人、小孩和脾胃虚弱的人。咱们就先从蒸蛋羹开始，总结几种鸡蛋的做法。

虾仁蛋羹

这是宝宝最常吃的一种蛋羹，虾仁含有丰富的蛋白质，肉质松软，易消化吸收，还不像鱼一样有刺，特别适合宝宝食用。

食 材

大虾3个，鸡蛋1个。

做 法

1. 大虾洗净，去皮，沿虾背部片成两半，去除虾线和腹线。
2. 鸡蛋中加入2倍的热水，打散。上锅蒸5分钟至表皮凝结。
3. 在蛋羹上摆放片好的虾仁，继续蒸5分钟出锅即可。

大姐小窍门

1. 将虾从背部至腹部片开，难去除的虾线和腹线就能轻松地去掉了。这样虾看上去还是整个的，但头变小了，蒸制时易熟，宝宝吃起来方便。

2. 对于小一点的宝宝，也可将虾仁去除虾线后剁碎再蒸。

银耳蛋羹

银耳有去胃火、消炎的作用，对肺和口腔都有好处。可以一周蒸一次给宝宝吃。

食 材

银耳少许，鸡蛋1个。

做 法

1. 银耳洗净、泡发、去蒂。

2. 将洗净的银耳焯水，剁成末。

3. 鸡蛋中加入2倍的热水，打散。放入银耳末打匀，上锅蒸10分钟。

大姐小窍门

1. 银耳泡发后，一定要把黄根去掉。

2. 蒸蛋羹时要加入热水，这样受热均匀，蛋羹易熟，口感更嫩。可将鸡蛋放入碗中，顺着碗沿加入热水，不要直接浇在鸡蛋上，之后再打散鸡蛋。

3. 黑木耳蛋羹的制作方法和银耳基本一致，黑木耳对肠胃中的纤维素和毛类等不易消化的物质有很强的黏着作用，能净化宝宝的肠胃。

山楂泥蛋羹

山楂酸甜可口，健胃消食，生津止渴，对促进宝宝食欲大有好处。

食 材

山楂2～3个，鸡蛋1个。

做 法

1. 山楂洗净，加水煮5分钟至熟。
2. 把煮熟的山楂皮剥掉，一切为二，去除中间的核，抿成山楂泥。
3. 鸡蛋中加入2倍的热水，打散。放入山楂泥搅拌均匀，上锅蒸10分钟即可。

大姐小窍门

1. 山楂煮熟之后，更容易去皮去核。
2. 把这道辅食中的山楂换成大枣，也用同样方法去皮去核制作，就可以做成一道枣泥蛋羹。红枣富含钙、磷、铁，对成长中的宝宝也非常有益。

红薯蛋羹

红薯中含有丰富的碳水化合物、纤维素、钙、磷、铁以及维生素B_{12}等，营养丰富，还可以润肠，预防宝宝肥胖。

食材

红薯泥一勺，鸡蛋一个。

做法

1. 红薯洗净，煮熟后去皮，抿成泥。
2. 鸡蛋中加入2倍的热水，打散。
3. 将红薯泥放入鸡蛋中，搅拌均匀，上锅蒸10分钟。

大姐小窍门

1. 选择红薯时，不要选带黑斑的，最好选黄瓤的，更软更甜。

2. 红薯量不要太多，大人的勺子一勺即可。

3. 红薯也可以改为芋头、山药、土豆、胡萝卜等，做出不同蛋羹，做法相同。

紫菜蛋羹

紫菜含有大量的碘，可以有效预防宝宝甲状腺疾病；所含的钙、铁及胆碱还能帮助宝宝增强记忆，保证牙齿及骨骼健康。

做 法

1. 先把紫菜浸泡，洗净。
2. 鸡蛋中加入两倍的热水，打散。
3. 将洗好的紫菜剁成末，放入鸡蛋中搅拌均匀，上锅蒸成蛋羹。

大姐小窍门

1. 紫菜用海带替换也可，做成海带蛋羹。

2. 用海带制作时，将干海带洗净上笼蒸40分钟，之后的做法同紫菜蛋羹。

豌豆蛋羹

豌豆含有丰富的蛋白质、矿物质、粗纤维、维生素等，它性甘味平，常吃能够补中益气，利小便。宝宝出现脾胃虚弱所导致的食少、腹胀时，吃豌豆可以很好地缓解。

做法

1. 豌豆洗净，上锅蒸20分钟至熟。
2. 把蒸熟的豌豆抿成泥。
3. 把蛋黄打散，放入豌豆泥，和匀。上锅蒸。

大家可以看出，其实这些蛋羹都很简单，就是需要大家多用点儿心思，用不同的食材替换，做法相似，只要用心都可以做出营养又美味的蛋羹，比如番茄蛋羹、豆腐蛋羹、香菇蛋羹、金针菇蛋羹、百合蛋羹等。

阳光小贴士

鸡蛋羹怎么做才好吃？

1. 打鸡蛋要顺着一个方向，尽量打散，打得越均匀越好。

2. 用水将蛋液冲淡时，最好用50℃～60℃左右热水，水太热直接浇在蛋液上容易冲成蛋花；水顺着碗沿轻轻流入，就不会出现蛋花了。水和蛋液的比例是2:1。

3. 如果有条件，最好往打好的鸡蛋里加高汤，高汤的量大约是鸡蛋液的两倍。一般蒸鸡蛋都是加水，用高汤代替水，蒸出的鸡蛋更鲜美，营养更高。

4. 要把握好时间，开锅后中火蒸10分钟左右。当然，蒸制的时间与炉火的大小和使用容器的材质有很大关系，不要用中空的不锈钢碗或塑料碗蒸蛋羹。

5. 给小于8个月的宝宝蒸蛋羹时，应只选取蛋黄蒸制，蒸法与蒸整个鸡蛋相同，蒸制的时间可缩短为8分钟。

6. 给一岁以上的宝宝蒸蛋羹时，可以加入少许盐，或者在出锅后，滴入几滴生抽或凉拌酱油，再滴几滴黑麻油。如果宝宝能适应，还可以滴入一滴醋，这样可以遮盖鸡蛋的腥味，使味道更鲜美。

五香鸡蛋

食材

鸡蛋2个，老抽、生抽适量，花椒少许。

做法

1. 鸡蛋洗净，加水煮至八成熟，捞出，磕碎蛋皮备用。

2. 锅内倒入凉水一碗，花椒少许，煮开后，加入老抽、生抽继续煮开。

3. 烧开后，放入鸡蛋，煮3分钟，关火焖5分钟。

4. 将鸡蛋和煮鸡蛋的水一起倒入容器内，浸泡4小时。

大姐小窍门

1. 给大人做五香鸡蛋时，要加入八角、花椒、桂皮、茴香等调料，但这些调料并不适合宝宝食用，故给宝宝制作时，只加入生抽、老抽和少许花椒即可。

2. 煮过的鸡蛋再放入调料中煮时，要将鸡蛋皮磕碎，这样更易入味。

芹菜叶蛋饼

食 材

芹菜叶一小把，面粉10克，鸡蛋1个，葱花、油少许。

做 法

1. 将芹菜叶洗净，焯水后控干水分，切碎。

2. 将鸡蛋打匀，加入面粉、芹菜叶、葱花，和成软硬适中的面糊。

3. 锅内倒入少许油，将面糊放入锅中，摊成薄薄的面饼，两面煎熟即可。

大姐小窍门

1. 芹菜叶用前要用开水焯一下。

2. 不要将面糊调得太稠，这样煎出的饼太硬，不适合宝宝吃。

双色蛋片

食材

鸡蛋1个，青椒1个，木耳1朵，葱姜丝少许，油、盐、淀粉少许。

做法

1. 将鸡蛋蛋清、蛋黄分离在两个小盘子里，分别加入少许淀粉搅拌均匀，上笼蒸6分钟左右，至蛋液凝结成块。

2. 将蛋清块和蛋黄块放凉后，切成菱形备用。

3. 青椒洗净，去蒂，切成菱形小片。木耳泡发，洗净，切成小碎片。

4. 锅内放入少许油，油热后葱、姜煸锅，放入青椒、木耳翻炒，加入少许淀粉勾芡，再放入蛋清片和蛋黄片，加少许盐翻炒均匀即可。

大姐小窍门

1. 在鸡蛋中加入淀粉时，一定要打匀，不要留有小颗粒。

2. 这道菜也可以不勾芡，勾芡的话看上去色泽鲜亮。

3. 对于小一点的宝宝，可以只用葱花煸锅。

* 扫图片，看视频，学做宝宝营养餐

蔬菜蛋饺

鸡蛋一个，土豆一块，胡萝卜一小段，牛奶少许，番茄酱一勺，油少许。

做 法

1. 土豆、胡萝卜洗净，去皮，切成丁上锅蒸熟。将蒸熟的土豆、胡萝卜压成泥，混合后加入番茄酱搅拌均匀。

2. 将鸡蛋打散，加入少许牛奶，继续打散。

3. 锅内放入少许油，油热后，倒入蛋液，摊成蛋饼。待一面基本凝结后，将胡萝卜土豆泥一半倒入蛋饼上，将另一半盖在菜上，呈半圆的饺子状。凝固后，翻过来两面煎熟。

大姐小窍门

1. 吃的时候也可以将番茄酱刷在蛋饺外皮上。

2. 也可以选择其他的时令蔬菜来代替胡萝卜和土豆，甚至水果也可以。

鸡蛋米饼

食材

鸡蛋1个,米饭小半碗,盐、油少许。

做法

1. 鸡蛋打散,放入米饭,加少许盐,充分搅拌均匀。

2. 锅内倒入少许油,将鸡蛋米饭放入,两面煎至金黄即可。

大姐小窍门

1. 米饭不要太多,把鸡蛋包过来即可,这样米饼更易成型。
2. 要选择软一点的米饭,米粒太硬,饼容易碎。

番茄沙司蛋

食材

鸡蛋1个，圆葱圈4个，西红柿半个，番茄沙司少许，油、糖、白醋少许。

做法

1. 鸡蛋打散；西红柿洗净，去皮，切成小块。

2. 锅内放入洋葱圈，点火后，在每个圆葱圈里滴两滴油。

3. 将打散的鸡蛋分别倒入圆葱圈，熟后关火摆盘。

4. 锅内倒入少许油，油热后倒入西红柿块炒成酱，再加入番茄沙司和少许糖、醋翻炒均匀。

5. 将炒好的酱汁浇在圆葱圈内的鸡蛋上。

大姐小窍门

1. 做这道菜时，建议选用平底不粘锅，这样圆葱圈里的蛋液不易流出。

2. 圆葱圈最好选择中层，这样不会太硬。

糖醋煎蛋

食 材

鸡蛋1个，醋、白砂糖、生抽少许。

做 法

1. 将醋、白砂糖、生抽、少许水混合备用。

2. 锅内倒入油，油热后倒入鸡蛋，煎至半熟盛盘。

3. 使用锅内留有的油，倒入混合好的调料，开锅后倒入半熟的鸡蛋，煮熟即可。

大姐小窍门

1. 醋、白砂糖、生抽比例为1：1：1。

2. 煎鸡蛋时，油不要太热。

金枪鱼鸡蛋盅

食材

鸡蛋两个，胡萝卜一小段，黄瓜一小段，罐头金枪鱼少许，沙拉酱少许。

做法

1. 胡萝卜、黄瓜洗净，去皮，切成细小的丁。胡萝卜丁上锅蒸熟备用。

2. 鸡蛋洗净，煮熟，去壳。从小头的一侧1/3处切开，取出蛋黄备用。

3. 将切下的蛋清、蛋黄切碎，和黄瓜丁、胡萝卜丁、金枪鱼肉混合，加入少许沙拉酱拌匀。

4. 将拌好的沙拉放入蛋清盅中。

大姐小窍门

若蛋清盅站不稳，可以将蛋清底部切平。

188

鸡蛋布丁

食材

鸡蛋1个，牛奶120克，糖少许。

做法

1. 在牛奶中放入少许糖，搅拌均匀。

2. 分两次加入鸡蛋液，用打蛋器搅拌均匀，做成布丁液。

3. 将搅拌好的布丁液过滤2～3次，放置半个小时，盛入容器内。

4. 放入烤箱中层，165℃烤制35分钟左右。

大姐小窍门

1. 倒入布丁液前，可将模具内壁刷上一层黄油或者橄榄油，这样做好后容易脱模。

2. 如果喜欢其他口味，也可以用橙汁、豆浆等代替牛奶制作鸡蛋布丁。

3. 各家使用的烤箱型号不一，第一次制作时，可将温度控制在160℃～180℃，烤制25分钟，观察烤制程度以掌握火候。

芝士鸡蛋卷

食材

鸡蛋2个，芝士2片，青椒1/4个，圆葱一小块，西红柿一小半，火腿一段，牛奶少许，盐少许。

做法

1. 青椒、圆葱、西红柿洗净，西红柿去皮，将所有蔬菜和火腿一起切成丁备用。芝士切成条备用。

2. 将鸡蛋打散，倒入少许牛奶，加少许盐搅拌均匀，过滤2次滤掉蛋筋。

3. 锅内倒油，油热后倒入蔬菜火腿丁，翻炒至熟。

4. 将平底锅洗净烘干后，刷上一层油，倒入鸡蛋液摊成薄饼状，待蛋液稍凝固，倒入蔬菜火腿丁，放上芝士条，将鸡蛋两边卷起来，略煎一小会儿即可。

大姐小窍门

1. 摊鸡蛋饼时火要小，鸡蛋饼不能太薄，不然容易碎。

2. 煎制鸡蛋时，平底不粘锅要先刷上一层油。

鲜虾沙拉蛋

食 材

鲜虾2 ~ 4个，鸡蛋1个，沙拉酱少许。

做 法

1. 鲜虾洗净，去壳去虾线，过热水焯熟，切成丁。

2. 鸡蛋蒸熟，去掉蛋壳，切成粒状。

3. 将虾丁和鸡蛋粒混合，倒入适量沙拉酱拌匀。

牛油果烤蛋

食材

牛油果半个，小鸡蛋一个或鹌鹑蛋2个。

做法

1. 牛油果洗净，一切为二，打开后去核。

2. 将牛油果中间再剜去几勺，打入一个鸡蛋。

3. 将盛有鸡蛋的牛油果放入烤箱，180℃烤25分钟即可。

大姐小窍门

1. 如果选购的牛油果较小，可以用鹌鹑蛋代替鸡蛋。

2. 选择牛油果的标准和生吃不同，要选择表面暗绿色、比较粗糙的，按压时比较结实，拿在手里沉甸甸的。

第五章 特殊时期的辅食调理

宝宝生病的时候，身体不舒服，消化功能减弱，一般胃口都不好。如果在身体原本就虚弱的情况下，再吃不上适合的饭，营养和能量得不到补充，抵抗力就会更差。看着宝宝一天天瘦下去，作家长的都是心急如焚。宝宝生病后，首先应就医，让医生对宝宝的问题给出正确的判断并加以治疗。家长根据医生判断的病因，在饮食上给宝宝合理的调节，让宝宝有胃口吃饭，体力得到补充就能提高免疫力，更好地抵御疾病。

当然，对于宝宝生病期间的饮食调理，可不是仅仅换着花样让宝宝吃上饭就行的。不同的病症有不同的饮食调理方法，不能饿着也不能乱吃或者吃太饱，一定要根据病情，合理制订食谱，控制进食量。

在实际工作中，大姐们遇到过很多宝宝生病的情况，不管是民间经验，还是专家推荐，用各种方法照顾过宝宝，也从中总结出到底哪些饮食调理更有效。

首先，生病期间要给宝宝制作能接受、易消化的饭菜。辅食添加初期的宝宝，可以考虑先暂停辅食，增加奶量。辅食添加中后期的宝宝，应优先考虑流质和半流质的食物，如果宝宝一次吃不多，可以考虑少食多餐。如果宝宝还是不愿意吃，千万不要强迫，如果强求可能会适得其反，增加宝宝的负担。病好了，宝宝的胃口自然会好起来。

其次，千万不要为了让宝宝吃上饭，选择在生病的时候让宝宝尝新鲜。生病期间不要给宝宝添加之前没有吃过的食物。之前没有吃过的食物，本来就需要宝宝有个适应期，如果宝宝身体不好，很容易造成不良反应，加重病情。

宝宝最常见的病症就是感冒、发烧、咳嗽、便秘、腹泻、过敏、皮疹等。不同的病症有不同的特点，一定要根据病情的需要，制订宝宝的食谱。

一、发热

　　婴幼儿发热很常见，感冒、吃多了，或者喉炎、扁桃体炎、肺炎、胃肠炎等炎症都容易引起发热。当体温升高的时候，宝宝新陈代谢也跟着加快，体内水分、盐分大量流失。这时候就一定要多喝水，补充水分，加速体内的毒素排出。

　　宝宝发热时吃的应比平时清淡、好消化，少食多餐。发热前期，除了多喝水外，饮食也应以流质食物为主，如米汤、果汁、绿豆汤等，到了恢复期或退热期，可吃点儿半流质的食物，如稀饭、菜粥、鸡蛋羹、烂面条等。

　　俗语说"鱼生火，肉生痰"，发热时尽量不要吃肉类、海鲜等不好消化的食物；也不要吃油腻、过咸、过甜、辛辣刺激的食物以及干果类食物。

炎症引起的发热推荐食谱

　　宝宝生病发烧时，要多喝温开水，不要吃辛辣、烧烤、油炸的食物，也尽量不要吃饼干等零食。这时要注意饮食清淡，选择易消化的食物，不要吃之前没有吃过的食物。

米汤	青菜米粥	橙汁	米糊
熬好的大米粥，取汁放温后食用。	大米、糯米少许，菠菜叶焯水切碎，加入少许葱根，熬制成粥。	挤出的橙汁或柚子汁，兑3倍的温水服用。 服用时注意：保持果汁温热，并且不能和牛奶同时服用，若同服易引起腹痛。	大米少许、山药或者藕少许加入豆浆机，加水后打成米糊。

食烧推荐食谱

食烧，是指宝宝饮食不当引起的食物积聚消化不良。这时应停止辅食添加，宝宝饿上两顿也没有关系。

开胃水（建议一岁半后饮用）

食材

山楂3个，白萝卜一小段，橘子皮半张。

做法

1. 山楂洗净，切成片。白萝卜洗净，切成丝。橘子皮洗净，切成丝。

2. 锅内加500毫升水，加入以上食材，开锅后熬制10分钟。

3. 熬制好的水，过滤掉杂质，分2～3次给宝宝喝即可。

石榴水

食材

石榴籽50粒。

做法

1. 石榴取籽，捣碎，过滤掉杂质，只留取石榴汁备用。

2. 在石榴汁中，加入2倍的温开水稀释，分两次服用。石榴水对缓解宝宝腹泻也有帮助。

 专家支招

半岁以内的婴儿发烧，如果原来采用母乳喂养，应该继续。母乳易于消化，能保证孩子的营养需求，而且其中含水量达87%，可以补充水分。若是人工喂养的婴儿，可喂稀释的配方奶，虽然婴儿实际吃下去的奶量有所减少，但补充了水分，更利于消化、吸收。宝宝发烧时，以饮白开水为好，也可以适当兑些鲜水果汁，以补充人体需要的维生素C。饮水量以保持正常尿量及口唇滋润为度，不必过多。稍大一点的孩子发烧时饮食以流质、半流质为主。常用的流质食物有牛奶、米汤、绿豆汤、少油的荤汤及各种鲜果汁等。孩子体温下降、食欲好转时，可改半流质饮食，如藕粉、代乳粉、粥、鸡蛋羹、面片汤等。以清淡、易消化为原则，少食多餐。不必盲目忌口，以防营养不良，抵抗力下降。

二、感冒

中医认为，感冒分为风热感冒、风寒感冒和暑热感冒，病因不同，在饮食调理上也是不同的。

风寒感冒推荐食谱

风寒感冒一般是因为没休息好免疫力低下，内火大再加上吹风或者受凉引起的，一般秋冬比较多。症状为没有舌苔或者有薄薄的白舌苔，怕寒怕风，鼻涕是清鼻涕，白色或稍微带点黄。

姜葱粥

食材
生姜1片，鲜葱白2段，大米50克。
做法
1. 生姜洗净切成丝。
2. 葱白切成碎末，和姜丝一起放入碗里。
3. 将大米淘净，煮成稠粥。
4. 将煮好的热粥倒入葱姜碗里，加少许盐搅匀。

大姐小窍门

1. 做好的粥一定要让宝宝趁热食用。
2. 喝完粥后，给宝宝盖上被子，身体微微出汗，出汗后要及时帮宝宝更换干净的衣服，及时喝水。一般来说出汗后，感冒症状就会减轻。
3. 发烧时粥中可以放葱，不发时不要放葱。

姜糖水

每天2次，温中和胃，有发汗解表的作用。

食材

生姜1片，红糖适量。

做法

1. 将生姜洗净，切片。

2. 姜片和红糖一起放入杯中，用沸水冲开，温热后服用。

五蔬汤

食材

香菜根5个，带须白菜根1个，白萝卜1段，带须葱白2段，姜1片，冰糖少许。

做法

1. 所有食材洗净，白菜根切片，白萝卜切片。

2. 将所有食材放入锅内，加1000毫升水，大火烧开，小火煮15分钟即可。

 大姐小窍门

1. 葱白根和白菜根最好选用带须的，没有也可以用无须的葱白和白菜根。

2. 若没有香菜根，放入2根香菜也可以。

3. 做好的五蔬汤凉好后，可代替白开水给宝宝饮用。

风热感冒推荐食谱

中医上说风热感冒是风热之邪犯表，肺气失和所致。通常情况下，便秘一两天，喉咙疼一两天，开始出现感冒症状。症状表现为发热重、头胀痛、有汗、咽喉红肿疼痛、咳嗽、痰黏黄、鼻塞黄涕、口渴、舌尖边红、舌苔薄微黄。得了风热感冒，要多喝水，饮食也要清淡。

三花水

食材

金银花1克，菊花3朵，茉莉花3朵。

做法

1. 将金银花、菊花、茉莉花放入水杯中，用沸水冲泡。

2. 冲泡后，盖上杯盖儿焖15～20分钟。

3. 泡好后，每天给宝宝当水喝。

特别提示：过敏体质的宝宝要慎用。

金银花粥

金银花性寒，有清热解毒、散风热的功效，对治疗风热感冒非常有帮助。

食材

金银花3克，粳米30克。

做法

1. 金银花加水煮开。

2. 将煮好的水滤去渣，加入粳米煮成粥。

特别提示：过敏体质的宝宝要慎用。

薄荷粥

食材

薄荷10克，粳米50克，冰糖适量。

做法

1. 薄荷洗净，加两杯水煮开，开后取汤汁放凉备用。

2. 用粳米加水煮成粥。

3. 将粥煮好后，加入薄荷汁及适量冰糖，搅拌均匀。

薄荷有疏散风热，保护肠胃的作用，薄荷粥要趁温热的时候喝，能出汗最好。

暑热感冒推荐食谱

暑热感冒就是老百姓说的热伤风，是因为夏天闷热，湿度比较大，这时大家比较贪凉，如出汗的时候猛吹空调等造成的。症状也是鼻塞、流涕、发热，但是发热重，恶寒轻，一般病人会觉得发冷，发烧，出汗多，但不解热。

绿豆粥

绿豆有清热解表、祛暑利湿的功效。但要注意的是，绿豆还有解毒作用，如果在服中药期间，不能喝绿豆粥。

食材

绿豆20克，粳米30克，冰糖适量。

做法

1. 绿豆、粳米洗净，煮成粥。

2. 待粥煮熟后，加入冰糖，搅拌均匀即可食用。

特别提示：绿豆属凉性，应适量饮用。

山楂薏米汁

每日分4～5次喝，可以除湿，适用于消化不良，暑热感冒。

食材

山楂5片，薏米20克，红豆20克。

做法

1. 山楂片洗净。

2. 薏米、红豆洗净，加水，加入山楂，大火烧开。

3. 开锅后，转小火慢煮一小时左右。

银荷西瓜汤

食材

金银花5克，荷花5克，薄荷2克，西瓜皮50克。

做法

1. 金银花、荷花、薄荷洗干净，西瓜皮洗净切碎。

2. 将这些食材放入锅中，加入清水熬汤。

3. 熬好的汤汁，过滤后加入少量冰糖，当水喝。

 专家支招

宝宝感冒是常见的现象。治疗感冒重在"养"，吃药可以缓解宝宝生病的痛苦，但不能缩短病程，因此宝宝感冒时要药物治疗与食疗法相结合。

如果宝宝出现鼻塞声重、打喷嚏、时流清涕、咳嗽、吐稀白痰等症状，多数为风寒型感冒，治疗以辛温散寒、发汗解表为主，食疗常可选用生姜、葱白、淡豆豉、苏叶等。如果宝宝发热、有汗、咳嗽、痰稠白色或黄色等，则可能为风热感冒，治疗以辛凉解表、清肺透邪为主，食疗常可选用薄荷、桑叶、荆芥、菊花等。此外，要让宝宝多喝水。

三、咳嗽

宝宝常会咳嗽，这时要增加饮水量，多次少量，以白开水为主，以利于稀释分泌物，使分泌物易排出。建议吃些新鲜蔬菜、水果，以及营养清爽的面、汤、粥等易消化的食物，少吃油腻的食物，还要保持室内空气清新，勤开窗通风，保持室内清洁、干净。

按照引起咳嗽的原因，基本上可以将咳嗽分为外界刺激引起的咳嗽、呼吸道感染引起的咳嗽以及过敏性咳嗽。

外界刺激引起的咳嗽推荐食谱

受到冷空气刺激，宝宝受凉后，呼吸道会充血肿胀，从而引起咳嗽。如果是偶尔咳嗽，建议多喝些温水，先不要急着吃药。

玉米须橘子皮水

食材
1 ~ 2个玉米的玉米须，半张橘子皮。
做法
1. 玉米须洗净；橘子皮洗净，切成丝。
2. 锅内加水，放入玉米须和橘子皮，烧开，小火熬制15分钟。
3. 过滤掉渣，当水饮。

白萝卜蜂蜜水

食材

白萝卜50克，蜂蜜3勺。

做法

1. 萝卜洗净去皮，擦成细丝。

2. 将蜂蜜倒入萝卜丝中，搅拌均匀。

3. 腌制3小时以上，再搅拌一下，将做好的蜂蜜萝卜丝分成三份，每次取一份加入温水，滤掉萝卜丝，取汁服用，一日三次。

特别提示：建议一岁以上宝宝饮用。

呼吸道感染引起的咳嗽推荐食谱

宝宝呼吸道感染多伴随咳嗽，还有发热、食欲差、精神不好等症状，应及时去医院就医。

冰糖梨水

食材

梨1个，冰糖适量。

做法

1. 梨洗净，去皮去核，切成小块。

2. 锅内放入清水，将梨放入锅中，大火熬开。

3. 放入冰糖，小火熬制15分钟。

4. 过滤掉杂质，放凉之后，代替水饮用。

特别提示：宝宝2岁以上可以加入适量的川贝。

盐蒸橙子

食材

橙子一个，盐少许。

做法

1. 橙子洗净，顶部1/5处切开。

2. 将盐撒在切开的橙子上，用筷子戳几下。

3. 将切下的橙子盖在上面，放入碗里上笼蒸，大火烧开后转中火蒸制10 ~ 15分钟。

特别提示：一岁半以上宝宝食用。

生苹果汁

食材

苹果1个。

做法

1. 苹果洗净，去皮去核。

2. 切成小块，打成汁。

3. 加入2倍的温水稀释后服用。

过敏性咳嗽推荐食谱

如果宝宝常在春秋季咳嗽，或是接触了某种物质就咳嗽，比如花粉、柳絮、动物毛发等，就可能是过敏性咳嗽。父母、家人有过敏史的要格外注意，一旦发现应及时就医，找到过敏源。

莲子汤

食材

百合10克，莲子6粒，银耳1/5朵，冰糖少许。

做法

1. 百合、莲子、银耳洗净、泡开。银耳去蒂，撕成碎片。

2. 将百合、莲子、银耳倒入锅中，加入适量水，大火煮开。

3. 加入冰糖，转小火煮20分钟，至黏稠。待凉后饮用。

特别提示：莲子去芯属凉性，建议适量饮用。

大米百合粥

食材

百合10克，大米30克。

做法

1. 百合洗净，大米淘净备用。

2. 锅内放水烧开后，加入百合和大米。小火熬至黏稠即可。

 专家支招

由于宝宝身体发热、呼吸增快、咳嗽及气管中分泌物增多等原因，使体液丢失较多，因此要注意多补充水分，减少呼吸道内分泌物的黏稠和干结，以利于宝宝咳出痰液。这时进食蔬菜和水果也非常有利，宝宝患感冒时，体内维生素的消耗增加，血中维生素的含量降低，所以在饮食中要注意多补充一些富含维生素的深绿色、橙绿色的蔬菜和水果，以增加抗病能力。

注意饮食调节，少吃辛辣甘甜食品；多喝水，对咽部有冲洗作用，能避免咽部干燥。还可让宝宝吃一些化痰止咳的食物，如梨、萝卜、枇杷。

四、腹泻（非细菌性）

如果确诊宝宝为非细菌性腹泻，要注意水分和电解质的补充，可给宝宝喂米汤、面片汤、山药小米粥、胡萝卜汤、苹果泥等食物，有助于水分的补充。

尽量少食乳制品、豆制品以及香蕉、梨、菠菜、芹菜、韭菜等富含纤维素的蔬果，鸡蛋及肉类也要少吃。

栗子粥

食材

大米30克，板栗1个。

做法

1. 板栗去外皮、里皮后，切碎。

2. 把处理过的板栗与大米混合，加水同煮至黏稠。

食用方法

喂宝宝时，一定要用勺子背将栗子压成泥，以免卡到宝宝。每口的量要少，以防噎到宝宝。一次不要喝太多。

煮苹果水

食材

新鲜苹果1个。

做法

1. 苹果洗净，削去苹果皮。

2. 苹果切开，去掉核儿，然后切成小片。

3. 在锅内倒入水，水量为苹果的三倍，放入苹果片，烧开后转小火煮15分钟。

4. 把煮好的苹果渣滤掉，倒出苹果水。

食用方法

每天喝3～4次。

大姐小窍门

1. 宝宝的肠胃功能很脆弱，在选购苹果时，应挑选熟透的没有酸味的苹果，千万不要选用青涩的苹果。

2. 煮熟的苹果水或泥都可以治疗腹泻，但生的苹果多用以治疗便秘，给宝宝食用时要注意区分。

马齿苋煮水

食材

晒干的马齿苋5克。

做法

1. 马齿苋洗净备用。

2. 加入水,大火5分钟烧开后,转小火10分钟,过滤掉渣,待汤汁温热后服用。

特别提示:过敏的宝宝不要服用。

炒米粉

食材

米粉15克。

做法

1. 将锅洗净,保证无油无水。

2. 凉锅放入米粉,小火炒制至米粉微黄。

3. 在炒好的米粉中加入45℃左右的温水调制成糊。

炒小米煮粥

食材

小米30克。

做法

1. 无油无水的凉锅中放入小米,小火炒制变色。

2. 炒好后,加水熬成小米粥。

 专家支招

腹泻常导致营养不良、多种维生素缺乏和多种感染。

轻症应减少奶量,代以米汤、盐水等;重症应禁食8~24小时,并静脉补液。

口服补液盐(ORS)是世界卫生组织推荐用以治疗儿童急性腹泻合并脱水的一种溶液,医院或药店可以购买到。介绍一个自制口服补液盐的方法,家长在家中就可以自己配制:将粥中较稀的米汤盛出500毫升,加入1.75克盐(半啤酒瓶盖的量),搅匀后给宝宝服用。大家可以试一下这个简单的治疗方法。

五、便秘

宝宝出现便秘的情况，家长们要仔细观察，找出引起便秘的原因，有针对性地进行调理。

若是因为没有良好的排便习惯而造成的便秘，可以在每天早晨或者其他固定时间，让宝宝坐在便盆上排便，养成良好的习惯。

如果是因为宝宝进食太少引起的便秘，家长们可以设法变着花样给宝宝做点儿喜欢吃的，或者把饭菜做得好看一点，以此来增进宝宝的食欲。

很多情况下，是由于宝宝偏食引起的便秘。比如宝宝吃肉多，吃蔬果少，喝水少，食物中含有的纤维素少，大便就容易干。这时就应该给宝宝多吃一些菜泥、果泥，果蔬与肉食的比例为3:1，如果宝宝不喜欢吃菜，可以把菜剁碎，包成饺子或馄饨喂宝宝吃。

南瓜牛奶粥

南瓜富含多种营养成分，其中微量元素锌是促进人体生长发育的重要物质，所含的甘露醇有通大便的作用，还含有丰富的糖分，容易消化吸收。

食材

大米50克，南瓜80克，配方奶粉2勺。

做法

1. 南瓜洗净，去皮，切成块。
2. 大米淘净，加入南瓜，熬成粥。
3. 用勺子将煮熟的南瓜抿成泥，和粥搅拌均匀，关火。
4. 将奶粉冲开，倒入锅中，搅拌均匀即可。

香蕉苹果泥

食材

香蕉半根，苹果半个。

做法

1. 香蕉去皮后切成小段，苹果去皮去核后切成小块。

2. 将苹果和香蕉放入料理机打成泥即可。

菠菜泥

食材

菠菜。

做法

1. 菠菜洗净，去茎留叶，焯水后过滤掉水备用。

2. 锅中加热水将菠菜叶煮烂，滤掉水后，捣成泥。

胡萝卜汁

食材

新鲜的胡萝卜一根。

做法

1. 新鲜的胡萝卜洗净去皮，切成条状。

2. 将胡萝卜条放进榨汁机中榨出汁液。

3. 往胡萝卜汁里加入适量温开水稀释。胡萝卜与水比例为2:1。

火龙果

火龙果的吃法，要依据宝宝的月龄，小一点的宝宝捣成泥食用，大一些的宝宝可切成片直接食用。

预防便秘应注意以下事项：

1. 从婴儿起训练小儿按时排便的习惯。

2. 合理膳食，更要平衡膳食，各种营养素配比合适，粗细粮搭配，有一定比例的蔬菜、水果，以提供膳食纤维，不能只吃肉或精细食物而不吃粗粮或蔬菜，饮水量要充足。

3. 精神刺激也可导致便秘，如孩子在排便时受到斥责，下次就不敢排便，常常引起便秘。

4. 对有肛裂或其他肛肠疾病的宝宝，要及早治疗。

图书在版编目（CIP）数据

婴幼儿辅食添加 / 王静等著 . — 济南：山东教育出版社，2015（2022.3 重印）

（阳光大姐金牌育儿系列 / 卓长立，姚建主编）

ISBN 978-7-5328-9138-2

Ⅰ. ①婴… Ⅱ. ①王… Ⅲ. ①婴幼儿－食谱 Ⅳ. ① TS972.162

中国版本图书馆 CIP 数据核字（2015）第 234975 号

YANGGUANG DAJIE JINPAI YU'ER XILIE

YINGYOU'ER FUSHI TIANJIA

阳光大姐金牌育儿系列　　　　　　　　卓长立　姚　建　主编

婴幼儿辅食添加　　　　　　　　　　　　王　静　等著

主管单位：山东出版传媒股份有限公司

出版发行：山东教育出版社

　　　　　地址：济南市市中区二环南路 2066 号 4 区 1 号　　邮编：250003

　　　　　电话：（0531）82092660　　网址：www.sjs.com.cn

印　　刷：山东新华印务有限公司

版　　次：2015 年 10 月第 1 版

印　　次：2022 年 3 月第 3 次印刷

开　　本：710 毫米 × 1000 毫米　1/16

印　　张：14.5

字　　数：176 千

定　　价：46.00 元

（如印装质量有问题，请与印刷厂联系调换）印厂电话：0531-82079130